Sergi Torres
David del Rosario

LA BIOLOGÍA DEL PRESENTE

Una invitación a dejar de sobrevivir
y empezar a vivir

Edición conmemorativa quinto aniversario

DIANA

Primera edición: marzo de 2020
Primera edición en esta presentación: marzo de 2025

Diana es un sello editorial de Editorial Planeta, S. A.
Diagonal, 662-664, 08034 Barcelona (España)
www.dianaeditorial.com
www.planetadelibros.com

Ilustraciones del interior: © Lleïr Massana Molina

Depósito legal: B. 3.498-2025
ISBN: 978-84-1119-227-9
Maquetación: Toni Clapés
Impresión y encuadernación: Huertas Industrias Gráficas, S. A.
Impreso en España - *Printed in Spain*

PEFC Certificado
Este libro procede de bosques gestionados de forma sostenible
PEFC
PEFC/14-38-00305
www.pefc.es

LA BIOLOGÍA DEL PRESENTE

A Sara, por darle a este libro raíces y alas

SUMARIO

PRÓLOGO

En los veinte años que llevo trabajando en el mundo editorial es la primera vez que escribo la introducción de un libro. Me hace muy feliz que sea la de este, uno de los que inaugura la andadura de Diana en España, y que sean precisamente Sergi y David los autores que han considerado que estas líneas debían formar parte de su obra. Trabajar con ellos es siempre una experiencia apasionante, un proceso vivo lleno de sincronicidades, apertura y aprendizajes. Este ha sido el caso de la edición de *La biología del presente*, un camino en el que he sido testigo de cómo todas las personas que han trabajado con el texto, desde su correctora hasta el portadista, se han enriquecido de alguna manera al entrar en contacto con él. La vida nos afecta, nos toca, nos mueve, nos mancha; a veces nos sacude, a veces nos acaricia, y si algo he podido constatar desde que leí por primera vez *La biología del presente* es que este libro está vivo. *La biología del presente* se mueve, toca, empuja, acaricia, cosquillea, fluye o sacude, dependiendo del momento vital en el que se lea.

Una de las cosas que más me intriga y me interesa de mi trabajo es ver lo que sucede una vez que los libros se publican y pasan a manos de los lectores. Siempre es un misterio saber si otros ojos van a ver lo mismo que el editor vio en ese autor, en ese texto. *Spoiler alert*: casi nunca sucede. «No vemos el mundo como es, sino como somos», dejó dicho el filósofo prusiano Immanuel Kant en una frase que parece especialmente pensada para este libro. Y esta es, me atrevo a decir, la belleza y el reto de escribir, de editar, de vivir.

Mientras escribo estas líneas intento imaginar lo que tú, querido lector, verás y sentirás al leer estas páginas. Es imposible saberlo, pero ¿qué fue lo que yo vi en este libro aquel día de agosto en que David puso en mis manos un manuscrito encuadernado en espiral? En mi caso, un camino de baldosas amarillas, un pasaje de ida hacia un cambio de paradigma en el que, sin proponérmelo, de repente me sentía muy cómoda iniciando un movimiento del que no conocía el destino y en el que intuía que no iba a encontrar todas las respuestas. Leerlo, asistir a la conversación entre Sergi y David casi como si esta tuviera lugar ante mis ojos, me proporcionó muchos instantes de autodescubrimiento y, por qué no reconocerlo, de amor y bienestar; la sensación de que algo dentro de mí, ahora, encajaba mejor.

La biología del presente propone un movimiento sutil pero importante, un diálogo entre ciencia y espiritualidad que tiene la virtud de abrirnos la mente y el corazón a infinitas —y alucinantes— posibilidades. Lo que yo vi en este libro fue, sobre todo, la propuesta para vivir de otra manera, una que lo incluye todo y no necesita excluir nada porque dirige la atención de quien así lo decide hacia el instante presente. Una en la que se nos invita a salir del «modo supervivencia» para entrar, si lo deseamos, en «modo presencia». ¿Puede existir mayor libertad que esa? Es un privilegio para mí y me siento infinitamente agradecida por formar parte de este viaje en el que tú ahora te embarcas. Mi deseo es que lo disfrutes tanto como yo. Nos vemos en la Ciudad Esmeralda.

ROCÍO CARMONA
Editora de Diana

INTRODUCCIÓN

Cuando leo a Michio Kaku —uno de los físicos teóricos más relevantes y uno de los más comentados divulgadores científicos de nuestros tiempos— me invade el mismo sentimiento que experimentaba de pequeño al despertar la mañana del día de los Reyes Magos. Leer acerca de universos paralelos, agujeros de gusano interestelares o teletransportación, presentados como posibles modelos científicos, me recuerda que la ciencia es amiga de nuestra capacidad de mirar más allá de lo que hasta ahora sabemos.

Las preguntas que se hace el doctor Kaku son un desafío a nuestra ciencia clásica y a nuestro conocimiento actual. Preguntas como «¿Por qué recordamos el pasado y no el futuro?» o «¿Existimos dentro del tiempo, o el tiempo existe dentro de nosotros?» son de esas preguntas que solo aparecen en la cabeza de alguien que vive con su corazón abierto a los misterios de la vida —sí, como cuando éramos niños.

Al mencionar corazón y misterio viene a mi mente otra vía de encuentro con el conocimiento. Esta vía es la del autoconocimiento, y se camina a través de una profunda mirada hacia uno mismo. El filósofo, poeta y yogui hindú Sri Aurobindo es un Michio Kaku del autodescubrimiento. Él es quien llamó supramental a un espacio en la consciencia humana que existe más allá de los límites de los mapas de la personalidad. Es a través de este amplio espacio por donde él viaja a las profundidades de la célula y descubre que las células de nuestro cuerpo tienen consciencia propia.

El cuerpo está conformado por trillones de células. Todas ellas están inspiradas por la misma conciencia de vida. La misma conciencia que de igual modo da capacidad a una célula madre para convertirse en una célula renal y que, a su vez, llena de inteligencia tanto el orden de una galaxia como el de los átomos de una molécula de agua.

Soy muy consciente de mi ignorancia, y cada una de las experiencias que vivo en mi vida y que me aportan algo de claridad son en realidad un desafío y un reto para mi intelecto y para mi mentalidad. A lo largo de este viaje a las profundidades de mi desconocimiento he perdido la necesidad de defender mi manera de entender la vida y el mundo que en apariencia me rodea. Cada gota de luz que penetra mi ignorancia, lejos de acercarme a la certeza, me acerca a la humildad.

Una noche desperté en medio de un sueño de esos tan vívidos que uno tarda unos segundos en darse cuenta de que solo era un sueño. Al despertar, tres ideas y una sensación aparecieron conformando una bella geometría. La biología del presente, libro y David del Rosario eran esas tres ideas. El sentimiento, un agradecimiento de tonalidad alegre que unía las tres ideas anteriores. Unos meses más tarde nos encontrábamos los dos en Camprodón, Girona, donde mantuvimos varias conversaciones durante tres días.

David y yo nos conocimos un día del año 2011, y en ese mismo momento descubrimos el potencial que había en nuestras conversaciones. Los dos somos muy distintos y nos aportamos mucho el uno al otro. Llegamos a descubrir lo mismo pero desde caminos y maneras de ver muy distintas. La de David, fruto de la práctica y la lógica, y la mía, fruto de la autoindagación y la inspiración. Esto nos permite, por un lado, ampliar nuestra manera personal de ver las cosas y, por otro, y muy importante para mí, que la manera en la que llegamos a descubrir algo nuevo y lo nuevo descubierto no son importantes. Lo importante es la apertura mental a lo desconocido. Hablando con David me doy cuenta de lo poco que sé y al mismo tiempo disfruto del conocimiento que surge desde esa ignorancia aceptada, desde una apertura de mente.

A David y a mí nos hace muy felices invitarte a participar en nuestras conversaciones. Te advierto que en ellas encontrarás muchas ideas desafiantes. Todas ellas son algunas de las ideas que en su momento nos desafiaron a nosotros —muchas aún lo hacen—. Todas apuntan a un modelo distinto de la realidad que nos ha llevado a darnos cuenta de que en verdad no sabemos nada.

Que alguien investigue si el tiempo existe fuera de nosotros o dentro de nosotros requiere que ese alguien se plantee primeramente esa posibilidad. Esto es lo que representa *La biología del presente*, un abridor de posibilidades. No nos hemos detenido a valorar si las posibilidades que han transitado por nuestras vidas —algunas más reales que la silla en la que estoy sentado ahora— son ciertas o no. Más bien las hemos usado para investigar su potencial transformador, y es justamente ese potencial el que compartimos aquí.

Mientras los seres humanos no conozcamos con absoluta certeza el Misterio Universal, todo lo conocido hasta ahora es una posibilidad. El pasado, la cultura, el cuerpo, la enfermedad, la ciencia, la tecnología, nuestra forma de ser, todo es una posibilidad a la que vamos dando realidad, y, por ende, la relación mente-célula, la conexión con la supraconciencia, viajar en el tiempo o convertirte en maestro de tus pensamientos son también una posibilidad.

Dicho esto, solo nos queda aconsejarte lo mismo que Cifra le aconseja a Neo en la película *Matrix*. Una vez que Neo se toma la píldora roja —que hace posible que su consciencia se desconecte del mundo imaginario creado por las máquinas—, Cifra le dice a Neo: «Abróchate el cinturón, Dorothy, porque Kansas [lo conocido hasta ahora] se va a despedir».

Sergi Torres

CONVERSACIÓN 1

El gato con botas y la biología de la supervivencia

Del miedo a la confianza

SERGI: David, ¿puedes volver a contarme lo que me explicabas en el coche, mientras veníamos de camino, acerca de nuestra amada LUCA? Es importante retomar nuestra conversación desde este punto para poder centrarnos en esa biología básica y que hemos olvidado: la biología del presente.

DAVID: LUCA, acrónimo de «Last Universal Common Ancestor», es la primera forma de vida,[1] aquella que surgió hace tres mil seiscientos millones de años y ha dado lugar a todos los seres vivos del planeta, incluidos tú, la mosca de la fruta y Belén Esteban.*

Durante este descomunal período de tiempo, esa forma de vida ha ido evolucionando y aprendiendo de una gran cantidad de situaciones adversas: cambios climáticos, temperaturas extremas, bacterias maliciosas, virus, patógenos de todo tipo y ataques de depredadores hasta llegar al día de hoy. Cada ápice de experiencia evolutiva está dentro de nosotros. De algún modo, todos somos LUCA manifestándose de diferente forma. Eso significa que

* Para los lectores internacionales, Belén Esteban es un personaje mediático español que se dedica al mundo del corazón. No tengo palabras para describirla.

nuestro organismo cuenta con un «médico interno» que tiene más de tres mil seiscientos millones de años de experiencia en su currículum. ¿No te parece extraño que enfermemos encontrándonos en manos de un médico tan curtido? ¿No deberíamos morir de viejos o de un trágico accidente en lugar de cáncer o gripe?

Para encontrar respuestas, mi cerebro piensa en ADN, mutaciones y genes. Sin embargo, a día de hoy sabemos que el ADN no es un molde rígido que copia seres vivos como gatos de escayola, sino más bien un guion de cine. Para más inri, hemos descubierto que no todas las células tienen el mismo material genético. Lo que quiere decir que, redoble de tambores, por favor… ¡no existen dos neuronas genéticamente idénticas![2] Muy fuerte, ¿no? Imagina que hacemos otra película a lo Wachowski, una comedia romántica en lugar de un documental, y rodamos dos versiones: una protagonizada por Chuck Norris y otra por Patrick Swayze —el de *Ghost*—. Aunque el guion sea el mismo, el resultado va a ser completamente diferente. (Risas.) Lo mismo ocurre con los genes. Muchas cosas dependen de la forma en la que cada persona interpreta el guion de su vida.

¿Has leído alguna vez acerca de gemelos genéticamente idénticos? (Sergi niega con la cabeza.) Existe un tipo de gemelos que nacen exactamente con los mismos genes porque se desarrollan a partir del mismo cigoto. Un cigoto es la célula resultante del romance apasionado entre un espermatozoide y un óvulo. En contextos tiquismiquis, a los gemelos que nacen del mismo cigoto los llamamos homocigóticos. ¡Son la bomba! Aunque genéticamente son idénticos en el momento de la concepción, con el paso de los años comienzan a hacerse genéticamente no idénticos. Estas diferencias en la expresión del ADN pueden hacer que un gemelo desarrolle diabetes o un tipo de cáncer mientras que el otro está más fresco que una lechuga. Ahora bien, no estoy diciendo que los genes no valen para nada. Por ejemplo, si Tyrion Lannister de *Juego de Tronos* hubiera tenido un gemelo homocigótico, los dos habrían sido enanos —formalmente diríamos que han padecido acondroplasia—. Existen enfermedades más genéticas, como la esquizofrenia, la esclerosis múltiple o el asma, y enfermedades más epigenéticas, es decir, dependientes de la forma en la que cada persona interpreta el guion de su vida.

Hagamos un experimento mental para acercar esta idea al agente de seguros o a la responsable de marketing de una gran empresa. Imagina que cogemos a un desconocido y lo ponemos en tu vida. Tiene el mismo aspecto físico que Sergi, habla y se mueve igual, pero no es Sergi. Este desconocido va a ir a tu trabajo, a cuidar de tu hijo y a acostarse con Sara. (Alboroto.) Tras el experimento nos daremos cuenta de algo muy curioso: ese desconocido vive tu vida de manera totalmente distinta a ti. Se enfada por cosas diferentes y se alegra por cosas diferentes. Lo que significa que los problemas no están en tu vida sino en la forma que tú tienes de vivirla. Dicho en lenguaje cromosómico, no solo el entorno —las cosas que ocurren— modifica la expresión de los genes, influye, y mucho, la forma en que vivimos esas situaciones de vida. ¡Revolucionario!

Mis genes no dependen en exclusiva de la situación en la que me encuentro —un despido o un divorcio—, sino más bien de cómo yo vivo esa situación. Y con «vivo esa situación» no me refiero a si la vivo «bien» o la vivo «mal»; me refiero a si estoy dispuesto a vivirla o no. Este es el quid de la cuestión. El rechazo a la situación, la indisposición para vivir, el miedo a una posibilidad, promueven la enfermedad. No la situación externa en sí misma. De hecho, el organismo se comporta de forma diferente dependiendo de mi disposición ante la misma experiencia de vida. Es como si existieran dos biologías: una biología de la supervivencia, cuando rechazo una situación, y una biología del presente, cuando estoy dispuesto a vivirla. ¿Y qué ocurre? La estresante biología de la supervivencia manda a la cola del paro al médico interno y altera la metilación del ADN, desplegando la alfombra roja que da la bienvenida a las enfermedades más extendidas en Occidente.[3] En cambio, la biología del presente nos mima y nos canta el «Sana, sana, culito de rana, si no sana hoy, sanará mañana». (Risas.)

SERGI: Estamos viendo cómo una misma situación puede ofrecernos dos experiencias biológicas completamente distintas en función de cómo decidimos vivirla. Si decidimos darle la bienvenida, el cuerpo se alinea con el presente y activa la biología del presente. Si por el contrario decidimos rechazar la situación presente por considerarla una amenaza, eso nos lleva a la biología de la supervivencia. ¿Qué sucede en nuestro organismo cuando hace uso de la biología de la supervivencia?

DAVID: Resumamos un siglo de investigaciones acerca de la biología de la supervivencia en cinco minutos. Si colocamos un electrodo imaginario sobre una porción concreta del cerebro de un gato, veremos cómo se queda inmovilizado, lucha contra un adversario imaginario o huye despavorido de la jaula en función de la intensidad de la corriente eléctrica aplicada.[4] Esta reacción es la famosa respuesta de lucha-huida. ¿Y qué región cerebral hemos estimulado con el metal y la pila? Pon la palma de la mano sobre la oreja con la punta de los dedos mirando hacia la nuca. Ahí está tu lóbulo temporal. En su interior se encuentra la amígdala, una agrupación de neuronas con forma de almendra.

La amígdala es una de las protagonistas de la biología de la supervivencia. Entre otras muchas cosas, se asocia con el miedo y la confianza. Aunque no es infalible, un truco para hacer práctica la neurociencia es mirar con qué zonas cerebrales se comunica el área que nos interesa. Sería como curiosear en su agenda de contactos. La amígdala está conectada con los sentidos —vista, oído, tacto y demás—, tiene un pase VIP a la memoria —a través del hipocampo—, puede crear sensaciones —está en constante comunicación con el sistema límbico—, influir en las cosas que pensamos —mediante la unión con la corteza prefrontal—, y también ocasionar cambios físicos —vía hipotálamo y tronco del encéfalo—.[5] Rastreando los circuitos neuronales del miedo, aprendemos que la biología de la supervivencia depende de las cosas que percibimos y pensamos, del pasado y de las proyecciones futuras, e impulsa tanto sensaciones corporales como cambios en el funcionamiento de diferentes órganos.

Cada vez que hablamos en público, cada vez que nuestro jefe nos llama a su despacho de forma misteriosa, cada vez que vamos a buscar el coche y no está donde lo habíamos dejado o se nos acerca una estríper en plena despedida de soltero, el hipotálamo libera hormonas al torrente sanguíneo. El hipotálamo, para los más cotillas, es un área con superpoderes capaz de convertir las señales eléctricas de las neuronas en un lenguaje químico que el resto de las células del cuerpo son capaces de entender. ¿Y qué hacen estas hormonas? Inician una cascada de procesos químicos que llegan a los riñones, dando la bienvenida al señorito cortisol y a las gemelas adrenalina y noradrenalina; las famosas hormonas del estrés.*

* Nota para los cotillas nivel dos: la hormona CRH liberada por el hipotálamo activa la glándula pituitaria y hace que libere corticotropina, la cual, a su vez, llega por medio del sistema circulatorio hasta las glándulas suprarrenales —en el riñón—, liberando glucocorticoides. Paralelamente, el sistema nervioso simpático —que de simpático no tiene nada— entra en escena.[6]

En pocos segundos comenzamos a experimentar los efectos de la biología de la supervivencia. El corazón se pone a mil por hora, la respiración se convierte en una locomotora, la tensión arterial se pone por las nubes y las extremidades tiemblan como castañuelas. Pero la cosa no acaba aquí. Uno de los aspectos más importantes, y al mismo tiempo más desconocidos de la biología de la supervivencia, es la redistribución de energía. Durante la respuesta lucha-huida, la energía disponible se envía a los músculos para hacer frente al hambriento felino que vive en nuestra imaginación, para correr más velozmente y tener más resistencia. ¿Y de dónde sacamos esta energía «extra»? De dejar en paños menores a los procesos que tienen lugar a largo plazo. Poco importa si el «felino» es en realidad nuestra indisposición para ser rechazados por una chica que nos gusta, para hablar en público o para perder un trabajo. ¿Y qué procesos a largo plazo dejamos sin apenas energía? La digestión, la reproducción, el crecimiento y nuestro querido médico interno —sistema de defensas y regeneración celular.

El 98 % del tiempo la biología de la supervivencia se activa por mi indisposición para situaciones ambientales —la fiesta de un vecino a las tres de la mañana, una sirena de ambulancia o pasar de noche por un barrio inseguro—, familiares —asistir a una cena de Navidad, la enfermedad de un ser querido o un divorcio—, laborales —un cambio de horario, no cumplir los objetivos, una nueva responsabilidad o jubilación— o sociales —soledad, estar en paro o ser discriminado—. No se activa por causas reales. Un urbanita puede recurrir a la respuesta lucha-huida frente a un atracador dos o tres veces a lo largo de su vida o cuando en el parque ve venir a *Boby*, el rottweiler del vecino. (Risas.) En estos casos, la biología de la supervivencia puede marcar la diferencia. Pero la realidad es que, en el día a día, la gran mayoría de las amenazas empiezan y acaban en nuestra mente. En los pensamientos que decidimos usar. En nuestra indisposición para vivir.

Así, concatenando entre ocho y doce amenazas imaginarias en el mismo día, hacemos de la biología de la supervivencia y el estrés una forma de vida. Los niveles de cortisol, adrenalina y noradrenalina se mantienen elevados. Nuestro médico interno hace cola en la oficina de empleo. De nada sirven sus tres mil seiscientos millones de años de experiencia. Es un yonqui del cortisol. Un mendigo energético. Y la probabilidad de enfermar se dispara. ¿Cuánto? Se estima que el 70 % de las visitas al médico de cabecera están relacionadas con el estrés crónico y la desconexión de nuestro médico interno.[7]

Sergi: Entiendo, por lo que dices, que la biología de la supervivencia no es la mala de la película, y que la biología del presente tampoco es el hada blanca que nos protege de la villana. Cada una de ellas tiene su función; de hecho, la biología del presente puede incluir la biología de la supervivencia en caso de que el presente así lo requiera. Por ejemplo, en una situación de verdadero riesgo en la que el cuerpo pueda ser lastimado. En este caso, la biología de la supervivencia estaría dentro de la biología del presente, y se convertiría en una de sus formas de manifestarse.

Lo curioso de lo que expones es que hemos construido una realidad psicológica que nos lleva a pedirle a la biología de la supervivencia que nos proteja de situaciones que no representan una amenaza real para nuestro organismo.

¿No es fascinante que los seres humanos hayamos logrado construir una amenaza mental, que se basa en ideas, y que esta se equipare a una amenaza física? De esta forma, a la biología de la supervivencia, que está diseñada para proteger nuestro organismo de cualquier cosa que lo pueda lastimar o poner en peligro, le estaríamos exigiendo que también protegiese nuestra integridad psicoemocional de nuestros miedos imaginados.

Pienso entonces en cualquier persona que, al no haber asumido una situación dolorosa en el momento en que tuvo lugar, construyera un recuerdo recurrente y doloroso de dicho suceso. Este recuerdo regresaría una y otra vez al presente para ser finalmente vivido y resuelto, pero dicha persona lo viviría como una amenaza reiterada a su bienestar. De este modo, el recuerdo se convertiría en una amenaza psicológica y cualquier situación del presente que activase dicho recuerdo, activaría también la biología de la supervivencia. En este caso… ¡estaríamos tratando de sobrevivir a nuestros propios recuerdos!

Se me ocurre también el caso de una persona que cada día al ir al trabajo temiera que la despidieran. En la calle, esperando a que cambiara el semáforo en rojo, el miedo a llegar tarde generaría una imagen mental en la que se vería siendo despedida al llegar al trabajo. En este caso, al temer una imagen futura, ¡estaríamos pidiéndole a la biología de la supervivencia que nos protegiera de nuestras imaginaciones!

Es en el presente donde los recuerdos del pasado y las imaginaciones del futuro aparecen en nuestra cabeza. Todo aquello que recuerdes o imagines siempre lo recuerdas o lo imaginas en este mismo instante. Ya verás, pruébalo. Recuerda algo que hicieras ayer. ¿Puedes ver que ese recuerdo es una imagen presente en tu mente? A pesar de la gran sensación de pasado que contienen los recuerdos o la gran sensación de futuro que puede contener una imaginación, ambos tienen lugar siempre en el presente.

Desde esta perspectiva que estamos planteando, dicho presente pasaría a ser una amenaza casi constante. De hecho, la manera de vivir que nos hemos inventado incluye una voz en la cabeza que nos indica constantemente lo doloroso que es el presente debido a aquellas situaciones dolorosas del pasado, lo insatisfactorio que es el presente debido a que no sucede lo que deseamos que suceda, y lo temeroso que resulta ser el presente por miedo a que en un futuro imaginado termine sucediendo lo que no queremos que suceda. ¡Menuda locura!

El presente es el único instante de vida del que disponemos. Convertirlo en nuestro enemigo nos aleja de la vida y, sin ser conscientes de ello, la convertimos en algo de lo que huir. ¡Como si la vida fuera una amenaza! Cuando rechazamos el presente activamos un patrón de supervivencia que no nos permite ser conscientes del presente. Esto nos impide disfrutarlo, y, llegados a este punto, me pregunto: ¿estoy vivo para sufrir la vida o para aprender a disfrutarla?

La respuesta a esta pregunta puede convertirse en una decisión. Mientras no tomemos esta decisión nos encerraremos en un proceso de huida y lucha constante. Ahí el médico interno al que hacías referencia, David, y que nos ayuda a disfrutar de la vida, se convierte en una mera anécdota y la enfermedad en la protagonista.

Cuando ya no es nuestro médico interno el que nos equilibra haciendo frente, por ejemplo, al virus de la gripe, aparece aquello a lo que hemos llamado estar enfermo y que la Real Academia de la Lengua Española ha definido como «alteración más o menos grave de la salud», pero que también conlleva toda una serie de síntomas —tos, fiebre, mucosidad, somnolencia— que pudieran estar ayudando a alcanzar de nuevo el equilibrio.

De ahí que, llegado el punto en el que la enfermedad aparece, si seguimos hipnotizados por la mentalidad superviviente de lucha-huida trataremos la enfermedad como a una enemiga y lucharemos en lugar de atender a nuestro médico interno. Someteríamos así a nuestro organismo a la biología de la supervivencia. La misma que paradójicamente dejó sin empleo a nuestro médico interno con la intención de superar una enfermedad. Esto no significa en ningún caso que tomar medicación o ser atendidos por profesionales de la salud sea tratar de huir de una enfermedad. Aquí estamos poniendo todo nuestro foco de atención en lo que podría ser la causa de muchas enfermedades: una mentalidad que lucha en contra de la enfermedad por miedo. Podemos perfectamente vivir una enfermedad con todo su contexto médico-farmacológico incluido y usarlo para descubrir una salida al patrón de lucha-huida que nos lleve de regreso a la vida presente.

Solo cuando miras la enfermedad desde el presente, la ves como una faceta de la vida. Ahí te das cuenta de que quizá todas las enfermedades son la misma enfermedad expresada de distintas formas. La posibilidad que se abre aquí es interminable, porque la enfermedad pasa a ser una oportunidad, un camino que podemos usar para descubrir cuáles son los pensamientos que utilizamos para rechazar nuestra experiencia de vida y que tanto estresan y lastiman a nuestro organismo.

¡Y lo mejor de todo es que no tenemos por qué luchar más! La conciencia dispone de sus propios mecanismos para traer al presente aquello que fue rechazado para que sea finalmente asumido y liberado. Uno de estos mecanismos de toma de conciencia puede ser la enfermedad. Esto no significa que la enfermedad sea maravillosa; significa que en caso de que haga acto de presencia, esta puede usarse para transformar la mentalidad estresante que mandó de vacaciones a nuestro querido médico interno.

David: Llegados a este punto, algunas personas pueden ver los síntomas como una barrera infranqueable para dejar atrás la mentalidad superviviente. El dolor, por ejemplo. Con dolor nos cuesta estudiar, dormir, trabajar, perdemos el ánimo y se nos pone un humor de perros.[8] Esto es cierto en parte. En casos de dolor desesperante, la medicina dispone de un abanico de químicos para gestionar el 90 % de los casos con éxito. ¿Y qué se considera «éxito»?: cuando los beneficios de un medicamento superan con creces sus efectos secundarios.[9] El dolor nace en la ínsula, una agrupación de neuronas con forma de isla en las mazmorras del cerebro. La ínsula es una televisión donde podemos ver y sentir el estado de nuestro cuerpo. Analizando con quién se comunica para acercar de nuevo la neurociencia al día a día, vemos que el dolor se genera a partir del sistema nervioso periférico —un escuadrón de sensores repartidos por las vísceras y la piel—, las emociones —giro cingular—, la atención —córtex parietal posterior— y el tiempo —hipocampo.

Comparto dos casos imaginarios para entender el dolor. En el primero, Paco presenta una mutación en el gen NTRK1. Este gen, con nombre de armamento militar, guarda las instrucciones para sintetizar una proteína imprescindible para la buena vida de las neuronas sensoriales que transportan la información del dolor. Paco no puede percibir la parte del dolor generada por el sistema nervioso periférico y seguramente será diagnosticado de CIPA —siglas en inglés de Insensibilidad Congénita al Dolor con Anhidrosis—.[10] En su día a día, Paco se quemaría con la plancha y no se daría ni cuenta. Otro caso interesante es cuando Paco se daña el giro cingulado anterior y «pierde» la componente emocional del dolor.[11] Paco sigue teniendo dolor y sabe que tiene dolor, pero es incapaz de sentirlo. Difícil de imaginar, ¿verdad? Gracias al pobre Paco aprendemos que el dolor es una construcción cerebral. Un mejunje de información sensorial, emociones, atención, recuerdos o proyecciones futuras. En las diferentes situaciones de vida, cada aspecto cobra más o menos protagonismo.

Con todo, el dolor tiene una cara oculta: podemos sentir daño sin una causa física. ¿No es increíble? Si yo te muestro una imagen del gato con botas mientras te aplico una descarga eléctrica, tu córtex parietal posterior —mano en la coronilla— y tu ínsula se iluminan como un árbol de Navidad. Repitiendo el proceso varias veces haré que sientas dolor cuando veas la imagen del gato aunque no te aplique ninguna descarga.[12] Te he condicionado.

Las personas hacemos exactamente lo mismo en nuestro día a día. Condicionamos nuestro dolor. Lo predisponemos. Entonces el cerebro es capaz de reaccionar como si hubiera dolor donde no lo hay porque lo espera. Por eso el rechazo social es interpretado por las neuronas como dolor físico.[13] Por eso cada vez que no le gustamos a alguien en Tinder el cerebro reacciona como si nos dieran una bofetada. Una vez condicionados, la memoria del dolor se encarga de replicar el dolor en el tiempo.

Sergi: ¡Eso es! Entonces, cuando sentimos dolor, tenemos dos opciones: vivir el dolor histórico —ese dolor que llevamos días sufriendo—, o vivir el dolor a tiempo real. Ahora observa esto: la información que nos ofrece el dolor a tiempo real no tiene nada que ver con su historia pasada, sino con nuestra conciencia presente.

El dolor, al estar ubicado en el presente, apunta hacia nuestra conciencia atemporal, pero como huimos de él por creer que es malo, lo «historificamos» para disipar su intensidad presente, dándole un falso halo temporal. Dentro de esa historia es donde ubicamos la enfermedad. Cuando hacemos esto desplazamos la causa de la enfermedad fuera de este instante presente. Sin darnos cuenta, nuestras propias creencias estarían sometiendo a nuestro organismo a vivir fuera de su experiencia actual y, en cambio, a hacerlo dentro de nuestra imaginación temporal o tiempo psicológico.

David: ¿Estás hablando de eliminar de la ecuación la componente histórica del dolor dirigiendo la atención al presente? (Sergi asiente.) ¡Sería genial! De ahí que, si hay dolor en el presente, puede que sigamos sintiendo dolor, pero dolerá distinto porque no entraría en juego la memoria del dolor.

Sergi: Ahora observa: es muy probable que una mentalidad desubicada del presente llegue a creer que necesita un proceso para aprender a vivir el dolor desde el presente. Pero no es cierto. Lo que estamos expresando aquí nace y muere en la espontaneidad del instante. Puede que muchas personas no encuentren una manera de interiorizar estas ideas debido al intento de casar los dos paradigmas: la supervivencia y el presente. Sin embargo, no es necesario, porque cualquier cosa que estemos viviendo en el presente nos va a reflejar nuestras creencias. Al verlas podremos disponer de la libertad de asumirlas y, al asumirlas, pasaremos de ser su esclavo a ser su fabricante.

Esto que hemos expuesto se ve o no se ve, pero no se puede hacer ver. En el caso de que yo lea esta propuesta y esté sufriendo una enfermedad, es probable que me sienta frustrado al leer sobre la posibilidad de estar en el instante presente donde se puede resolver todo este entramado de creencias innecesarias sin conseguir resolverlo, y todo ello debido a que aún esté viviendo el resultado de mis creencias. Las creencias con las que fundamento mi mentalidad como persona no se descartan leyendo un libro. Para llegar a ser libre y descartar una creencia debo llegar a su origen. La única forma de hacerlo es asumir completamente este instante. Si en este instante estoy enfermo, no me queda otra que asumir eso, y la única forma de asumir mis creencias pasa por vivir mi enfermedad y todo lo que pueda conllevar en este momento.

Todo suceso en la vida es un medio a través del cual la consciencia humana puede ser consciente de su potencial. Tal vez no podamos sanar nuestra enfermedad ahora, pero sí podemos abrirnos a confiar en el proceso que estamos viviendo. Si no podemos confiar, sí podemos abrirnos a confiar. De este modo empezamos a abrirnos a la honestidad de asumir lo que estamos sintiendo ahora y empezamos así a desvincularnos de nuestra historia.

Ahí es donde puede nacer una comprensión más amplia que nuestra idea acerca de la enfermedad. Ya no la vivimos desde nuestra perspectiva de supervivencia, ya no la entendemos como una amenaza, sino como un suceso genuino que está sucediendo a tiempo real dentro de nuestra experiencia de vida. Así es como la vida incluye al cáncer, por ejemplo, y así el cáncer ya no excluye más a la vida. Y ahí están incluidos el investigador que investiga una cura para el cáncer, el oncólogo, la extirpación del tumor, la medicación..., está englobada toda la experiencia de vida que conlleva una enfermedad hoy en día.

David: Llegamos a un punto clave. Un cerebro superviviente siempre hace un uso personal y egoísta de la confianza. Siempre intenta sacarle provecho. «Voy a abrirme a confiar para no estar enfermo» es un pensamiento con raíces de miedo. La neurociencia nos enseña que la confianza y el miedo utilizan las mismas redes neuronales para funcionar —mesencéfalo, cuerpo estriado dorsal y amígdala—.[14] Son las dos caras de la misma moneda. Por lo tanto, no pueden estar activas al mismo tiempo. O confías, o tienes miedo. Debes elegir. Por eso, cuando yo confío para obtener algo a cambio —confío para no estar solo, encontrar la verdad o para curarme— no estoy confiando en realidad. Tan solo he disfrazado el miedo de confianza. Ahí, vivir el presente se convierte en una moda y sufrimos.

¿Cómo puedo dejar de disfrazar el miedo de confianza? Dejando de negociar con la vida e investigándote. Mira qué ocurre en tu mente cuando te preguntas: ¿estoy dispuesto a confiar sin obtener nada a cambio? ¿Estoy dispuesto a esforzarme por vivir el presente y seguir sin pareja, triste o enfermo? La respuesta a esta pregunta no es un argumento racional para que lo puedas entender, sino una sensación para que la puedas sentir. Solo navegando en esa sensación puedes ver tu indisposición. Nadie suele estar dispuesto a la soledad, la tristeza o la enfermedad. Nadie suele estar dispuesto a confiar sin obtener algo a cambio. Ahí ves tu miedo. Ahí ves que el miedo solo es una posibilidad que no existe. Ver te conecta con la honestidad. Y la honestidad es la única que puede enseñarte que ese miedo es el verdadero origen de cualquier tristeza, de cualquier sufrimiento que hayamos sentido jamás. Acabas de descubrir que sufrir es replicar tu miedo en el tiempo.

CONVERSACIÓN 2

El melocotón que quiere ser manzana

La personalidad y la desaparición de tu universo

DAVID: Voy a ponerte unas gafas de realidad virtual imaginarias para llevarte a un mundo donde solo existe una habitación blanca, una mesa y un trozo de manzana. Solo debes acercarte a la mesa, coger el trozo de manzana y comértelo. ¿Estás preparado? Tranquilo. No te convertirás en sapo o en Terelu Campos.* (Risas.) La gracia del experimento que te propongo, el cual todavía estoy terminando de diseñar en el mundo real, es que aunque las gafas de realidad virtual te hagan creer que estás mordiendo un trozo de manzana, en realidad, estás mordiendo un melocotón. La pregunta es: ¿cuál de los dos sabores experimentarás? ¿Manzana o melocotón?

SERGI: Imagino que sabría a melocotón.

DAVID: El truco está en darse cuenta de que gusto y sabor son cosas muy diferentes. El gusto tiene que ver con moléculas dulces, saladas, amargas, agrias o umami —algo así como una pastilla

* En este punto de la conversación me planteo si, después de dos referencias tan seguidas a personajes televisivos del mundo del corazón español, tengo un problema o, peor aún, una predilección por ellos.

de Avecrem—, con genes y receptores sensoriales. En cambio, el sabor es una experiencia mental que implica el sonido que hacemos al masticar, el aroma, los recuerdos de experiencias pasadas, las expectativas futuras, información visual y también el gusto. La experiencia «sabor» no es moco de pavo. Utiliza infinidad de redes neuronales. A día de hoy todavía tenemos muchas lagunas sobre su funcionamiento. Únicamente para el gusto se activa la ínsula anterior, el opérculo frontal y el opérculo de Rolando —estas tres áreas forman la corteza gustativa primaria—. Además, presentan proyecciones secundarias en el córtex orbitofrontal caudal —nos informa de si es agradable o no—, en la amígdala —miedo y confianza—, en el cingulado anterior —emociones y honestidad—, en el estriado ventral —aprendizaje— y en la corteza prefrontal dorsolateral —funciones ejecutivas y control.[1]

Imagina la cantidad de neuronas que entrarían en juego si, además, se asocia el gusto con el olfato, con la vista o con nuestros recuerdos para configurar la experiencia sabor. Una auténtica movida, vaya. Estudios previos nos muestran que una simple creencia como puede ser «este vino es caro» —corteza orbitofrontal— es más que suficiente para alterar su sabor, aunque la información sensorial que el sentido del gusto envía al cerebro sea la misma.[2]

¿Cuántos sentidos tenemos que falsear para que el cerebro no sepa distinguir si estás comiendo un melocotón o una manzana? ¿Basta con cambiar la información visual usando un equipo de realidad virtual, o tengo que deshacerme también del olfato poniéndote una pinza en la nariz? ¿O tal vez debemos modificar el sonido del alimento al masticar reproduciendo el crujir de una manzana a través de unos auriculares? ¿Será necesario alterar también el tacto? ¿Cuánto peso tienen los recuerdos, las expectativas o el marketing a la hora de experimentar una sensación?

Estas son algunas de las preguntas que hay que responder con la investigación.

SERGI: Muy interesante. Lo que yo he podido experimentar es que cuando comes una manzana o bebes una copa de vino, hay un recuerdo que te está diciendo: «está más dulce», «más ácido» o «más amargo». Fabricamos nuestra realidad presente echando mano de la bolsa de nuestros recuerdos, y esos recuerdos nos influyen mucho más de lo que creemos. Incluso en la primera ocasión que tomas vino, aunque no puedes usar recuerdos de haber bebido vino anteriormente, sí usas recuerdos de otras bebidas, generando un nuevo «sabor» a base de comparar la experiencia con los recuerdos de esas otras bebidas. Este nuevo sabor será «más dulce que» o «menos ácido que», pero nuestra experiencia de beber esa copa de vino seguirá siendo un mero producto de recuerdos.*

Vayamos al fondo de la cuestión. Existe en nuestra mente una idea que no nace como producto de ningún recuerdo de algo vivido anteriormente y que tampoco nace como comparación con otros recuerdos como hemos visto en el ejemplo de la primera vez que bebemos vino. Estamos hablando de la primera noción que tenemos de identidad. Esta idea primera surge de la percepción de separación, del «yo soy yo y solo yo». Es la idea personal a través de la cual uno puede definir el color azul, la emoción de tristeza, el sabor dulce o el nacionalismo. De hecho, es la idea a través de la cual establecemos la relación con nuestro cuerpo y todo aquello que lo rodea.

* *APUNTE DE DAVID:* En el mundo de la probeta y la neurona, Sergi está explicando la «combinación conceptual», o, dicho de otro modo, cómo crear nuevas experiencias a partir de conceptos existentes.[3]

Por ejemplo, cuando tú percibes el sabor que identificas como «dulce», seguidamente piensas en si ese sabor te gusta o no. De ahí que si experimentas desagrado al tomar una bebida dulce, en realidad, lo que está generando la experiencia de desagrado es el pensamiento «No me gusta el dulce». De modo que no es que no te guste el dulce, más bien piensas que no te gusta. Y ese pensamiento es determinante ante nuestras decisiones, acciones y opiniones. Estas decisiones, acciones y opiniones, una vez convertidas en recuerdos, irán conformando nuestra mentalidad y engrosando nuestra idea primera, convirtiéndola en una personalidad bien arraigada en la mente —o, mejor dicho, bien atascada en la mente.

La libertad que se desprende de ser consciente de esto es brutal, porque siempre puedes volver al punto cero y vivir las mismas emociones, los mismos sabores y las mismas situaciones diarias pero de forma totalmente nueva y genuina. Aunque sea la quinta vez que bebes vino o el vigésimo tercer aniversario de tu relación de pareja, desde ese punto cero, los juicios y los recuerdos dejan de tener sentido. Esta es la diferencia entre conocimiento y aprendizaje; el aprendizaje depende de los recuerdos acumulados con el tiempo, y el conocimiento, de tu experiencia presente.

El otro día me invitaron a ir a un restaurante hindú e inmediatamente me asaltaron los pensamientos «Yo soy Sergi», «A mí no me gustan los sabores de la comida hindú» y «El picante me sienta mal». Y entonces pude ver esas ideas y no darles el valor que pretendían tener cuando aparecieron con tanta rotundidad en mi cabeza. Gracias a ello pude tomar nuevas decisiones y sentir los matices de las especias desde una magnitud que no había experimentado antes.

Pocas veces nos permitimos esa libertad, porque inconscientemente creemos que tenemos que defender nuestra identidad. De no hacerlo, se vendría abajo y se disolvería. Esta disolución da lugar a una vida plena y genuina. Pero para la mayoría de nosotros significa la muerte y, por lo tanto, algo que hay que evitar a toda costa. Todo esto no significa que al tomar comida con picante no sintiera incomodidad o malestar físico y que decidiera no continuar comiéndola para seguir disfrutando del aroma de aquel arroz tan exquisito.

Debido a ese miedo inconsciente a disolvernos, anticipamos el presente constantemente sin darnos cuenta. No lo vivimos en plenitud porque estamos creyendo saber todo el tiempo cómo va a ser. Es agotador. Estamos definiendo nuestra identidad a través de nuestras apetencias y desapetencias, nuestras ideas y nuestros juicios. Cuando accedo al presente, lo primero que veo es que lo único que puedo saber en verdad es lo que estoy sintiendo en este instante. Es posible que experimente que el picante me sienta mal, claro que sí, pero eso no significa que no me guste. El momento en el que probé el picante por primera vez y este momento en el que vuelvo a probar el picante son exactamente la misma experiencia. El pensamiento «No me gusta» es el que hace que esos dos momentos parezcan diferentes. En el primero me puedo sorprender, puedo explorar ese nuevo sabor, pero en el segundo ya sé cómo es el picante. Entonces usamos el pensamiento «No me gusta» para determinar el sabor, y eso hace que mi identidad personal perdure en el tiempo.

Eso es lo que hacemos la mayoría de las personas hoy en día. Nos interpretamos a nosotros mismos desde fuera de ese conocimiento presente e intentamos replicarnos en el tiempo para no desaparecer, para que mi «yo», mi personalidad, no desaparezca. A esto se lo llama sobrevivir, pero nosotros hemos preferido llamarlo vida.

Usamos nuestro cuerpo para darnos un sentido personal, un sentido individual del yo donde ese patrón pueda subsistir. Cuando tú eres consciente completamente de tu cuerpo, con todas sus sensaciones, emociones y pensamientos, la sensación física de ser «tú» cambia por completo. Te das cuenta de que el cuerpo está dentro de la conciencia y no la conciencia dentro del cuerpo, te das cuenta de que el cuerpo es una idea, exactamente igual que la idea «No me gusta el picante». Cuando convierto mi cuerpo en una idea exclusiva de mí mismo, empiezo a percibirme separado de todo lo que me rodea. De ahí nace el espacio, el tiempo y su hijo, el conflicto.

David: El espacio y el tiempo, al igual que el conflicto, el sabor o el picante, también es una representación mental. El cerebro construye el espacio por el que nos movemos con la información de cuatro tipos de neuronas: las de ubicación, las de dirección, las neuronas de límite y las de velocidad. Estas células cerebrales se encuentran repartidas por el hipocampo y la corteza entorrinal, en las catacumbas del lóbulo temporal —mano sobre la oreja—. Mientras que las neuronas de ubicación codifican nuestra posición en el espacio, las de dirección hacen de brújula, las neuronas límite se encargan de avisarnos cuando hay un obstáculo y las de velocidad aportan información acerca de la rapidez de los objetos. Neurofrikadas al margen, el protagonista es el hipocampo. Esta querida estructura con forma de caballito de mar integra la información de las neuronas espaciales y crea un mapa mental único para cada entorno.[4]

A decir verdad, las personas no nos desplazamos por el espacio sino por el mapa mental que construye el hipocampo. Es sorprendente y extraño a partes iguales. Sin ese mapa, o con la corteza entorrinal hecha un Cristo como ocurre en las primeras etapas del alzhéimer, el espacio deja de tener significado. Nos perdemos.

No estoy diciendo que el espacio no exista. Las neuronas de ubicación o de velocidad necesitan percibir algo para construir el mapa, pero el espacio no es como lo percibimos.

Para empezar, el espacio no es un objeto. Está vivo y es relativo. El mayor ejemplo es el Big Bang. El Big Bang no ocurrió hace catorce mil millones de años y adiós muy buenas; está ocurriendo ahora. Eso significa que tú, yo y esta mesa somos puntos en un universo que se expande, somos marcas de rotulador en la superficie de un globo. Conforme el globo se llena de aire, su superficie se expande. Nosotros, el espacio, incluso mi piso de treinta y siete metros cuadrados quieren expandirse mientras la gravedad local de la Tierra trata de impedirlo por todos los medios. Diga lo que diga la física, las personas tenemos la sensación de vivir en un universo objeto. ¡Pero es mentira! ¡El espacio está vivo!

Lo mismo ocurre con el tiempo. Si el universo se expande y el espacio-tiempo son dos enamorados inseparables —según Einstein—, el tiempo también se está «expandiendo». El «ahora» es la nueva cantidad de tiempo que nace con la expansión del uni-

Os presento el modelo del globo para simbolizar la expansión del universo. Como cualquier modelo —el mismo Big Bang es un modelo—, tiene sus límites, pero sirve para hacernos una primera idea del asunto y entender que el espacio está vivo.

verso. Un manantial de flujo infinito. Un instante en constante creación. Experimentar el presente, el aquí y el ahora, es saborear el espacio y tiempo virgen creado por la continua expansión del universo.

¿Y por qué es relativo? Supón que deja de nevar y salimos a dar un paseo por la montaña durante un par de horas. Una vez concluida la caminata, queremos saber la distancia recorrida y medimos el trayecto con una regla imaginaria de un kilómetro. Uno, dos…, diez kilómetros. ¡No está nada mal! Ahora repetimos la misma medida usando una regla más pequeña. De un metro, por ejemplo. Verás cómo ocurre algo extraño. ¡El resultado es distinto! ¡¿Como es posible?! ¿No deberían ser idénticas las dos medidas? ¿Acaso hemos andado menos? No. Esto ocurre porque, uno, nada se mueve en línea recta y, dos, el espacio depende de la escala de medida. Es relativo. Usando una regla cada vez más pequeña para medir el mismo recorrido —de un centímetro, de un nanómetro y así sucesivamente—, veríamos cómo la distancia se hace cada vez más y más pequeña. Es decir, tiende a cero.

Sergi: Desde el punto de vista de la consciencia se traduce en una experiencia de «yo» en la que no hay separación, en la que todo es la misma cosa. Pero cuando entras en la conciencia individual y exclusiva, todo se percibe fragmentado. Cuando entras dentro de una vida, llamémoslo «vida Sergi», particularizo la consciencia, la hago mía. Cuanto más personal soy, más división percibo, más la fragmento, porque necesito percibir más división para seguir manteniéndome a mí mismo como un fragmento exclusivo de esa conciencia universal.

David: Suponiendo que la conciencia siga las leyes físicas, el número de divisiones dependería de la «escala mental de medida». Así pues, una mentalidad abierta fragmenta en pocas partes

Una imagen vale más que mil palabras. En el primer caso usamos una regla de un kilómetro para medir un determinado recorrido. En el segundo, al usar una regla de un metro, descubriremos que... ¡hemos andado casi un kilómetro menos! ¿Acaso el espacio está jugando al escondite?

la conciencia, mientras que una mentalidad corta de miras la divide más. Visto en términos de miedo, cuantos más miedos tienes más divides la conciencia universal.

Sergi: Increíble eso. Cuando percibes fragmentada la conciencia unitaria dispones de más cosas a las que temer y con las que estar en oposición, y de más posibilidades de seguir así, manteniendo la sensación de que yo soy yo en oposición al resto. Es por esta razón por la que, sin darnos cuenta, se genera una tensión intrínseca fruto de una oposición existencial que proviene de ese «yo soy yo» opuesto al «yo no soy tú».

Ahora observa: si lo único que existe es la conciencia universal, atemporal e infinita, da igual lo que tú temas porque en realidad vas a estar temiendo la universalidad, la atemporalidad y el infinito. No sé en qué forma concreta va a manifestarse ese miedo desde tu perspectiva. Quizá se da como miedo a los gatos, miedo a perder a tu pareja, miedo a engordar, miedo a que te traicionen. No importa. Lo importante es que el miedo, al final, proviene del miedo a esa eternidad y a ese infinito.

De ahí que la atención en el presente la desplacemos hacia lo «importante», que es no perder a la pareja. Curiosamente, la pareja en realidad no es más que una forma de expresión de nuestra vida en este instante presente. En el momento en que la pareja pasa a tener más valor que la vida misma, significa que tú le has otorgado ese valor de forma artificial. Al retirar la importancia de este instante para dárselo a la relación, crees que tu vida depende de esa relación y pasas a temer perderla. En cambio, si miras la relación de pareja sin esa importancia personal, sin que sea tuya, pasas a vivir la grandeza y el misterio de ese encuentro.

El universo descarta cualquier percepción particular con la única voluntad de encontrarse a sí mismo. De verse a través del otro y saludarse. (Sergi mueve la mano y saluda a David.) El sentido de todo lo que estamos viendo se basa en el atrevimiento a experimentarlo. A vivirlo. Cuando me atrevo a experimentar esto, un simple instante pasa a ser apasionante. Estar siendo alguien mientras te das cuenta de que no existe ese alguien que estás siendo. ¡Es apasionante! Ahí nuestras personalidades se disuelven en la consciencia.

David: La posibilidad de disolverte —de que aquello que nos distingue de los demás se largue— te permite ver que el cerebro no es reactivo. Lo único que es reactivo es la mentalidad superviviente. Por eso construye excusas del tipo «Desaparecer es una gilipollez», «Quién va a pagar la hipoteca del piso si desaparezco» o «No he asistido a suficientes cursos como para desaparecer bien». Cuando una posibilidad desencadena una reacción de supervivencia, la misma reacción te está indicando que no es una gilipollez. Las excusas siempre esconden algo. En este caso, la excusa oculta que la personalidad no es una cualidad de las personas, sino un motivo fabricado artificialmente con tecnología mental para no desaparecer.

SERGI: Así es. Muy pocas personas están dispuestas a desaparecer y viajar así más allá de los confines de su personalidad. Por eso cabe la posibilidad de que el lector use estas ideas para agregar información a su personalidad, en lugar de usarlas para atreverse a mirar más allá de toda concepción prefabricada. Para viajar más allá de lo que uno cree que sabe, debe estar dispuesto a desaparecer, o, dicho de otra manera, estar dispuesto a soltar la concepción que uno tiene acerca de sí mismo y de todo lo que le rodea. A eso es a lo que me está invitando todo el tiempo cada frase pronunciada en esta conversación de dos locos apasionados por el conocimiento que existe detrás de nuestra ignorancia. Cada una de las ideas que entran en nuestras mentes nos está diciendo: «Déjame disolverte y mostrarte qué eres, más allá de tu concepción de las cosas».

CONVERSACIÓN 3

Einstein viajaba en el *Halcón Milenario*

Cuando el tiempo y el espacio son solo una ilusión

David: Hagamos un experimento mental. Imagina que ideamos un curso para aprender a caminar, igual que hacemos con el carnet de conducir o con la carrera de Medicina. El plan de estudios establece que, antes de intentar ponerse en pie, hay que pasar un examen teórico. Ahora bien, para poder presentarte al examen debes aprender el nombre de los músculos que intervienen en el proceso, hacer trabajos en grupo con otros compañeros y escuchar a gente con más experiencia. Asistes a las clases, entregas todos los trabajos, apruebas el examen y empiezan las prácticas. En pocos meses vas caminando por la vida más contento que una tortuga con ruedas. Sin darte cuenta, asumes que eres capaz de andar porque has aprobado el curso para aprender a caminar.

Incluso puede que decidas ir a la universidad a estudiar «caminología» para ayudar a otras personas. Tras tu paso por la facultad, un día cualquiera como este, después de veinte años formando a personas en la ciencia del caminar, una alumna llega el primer día a clase, se pone de pie y camina. Tu mentalidad superviviente empieza a buscar una explicación lógica: «Su padre le habrá enseñado a caminar en casa», «Esta niña es superdotada» o simplemente «Tiene un don». En realidad no importa el argumento. Lo que importa es que necesitas urgentemente algo, un «lo que sea», para mantener en pie, nunca mejor dicho, tu sistema de creencias.

Entonces te apuntas a un congreso de expertos en caminología. En él se analizan objetivamente todos los datos de las personas que han empezado a caminar sin hacer el curso, llegando a la conclusión de que solo veinte personas en toda la historia de la caminología han conseguido echar a andar sin instrucción previa. Esto sería muy lógico, teniendo en cuenta que solo los «bichos raros» osarían echar a andar sin hacer el curso. Puedes respirar tranquilo. ¿Qué son veinte comparados con miles o millones? En ese momento queda demostrado científica y estadísticamente que necesitamos un curso de caminología para aprender a caminar. El gobierno, con la mejor de las intenciones, determina que el plan de estudios es obligatorio para todos sus ciudadanos. Acaba de nacer la ECO: la Enseñanza para Caminar Obligatoria.

Esta parodia de la ESO —Enseñanza Secundaria Obligatoria en España— refleja fielmente al ser humano actual. Establecemos reglas y procesos para todo. Una vez normalizados, los procesos que nosotros mismos hemos creado pasan a controlarnos. Seamos honestos. No necesitas ningún curso, no necesitas reglas para aprender a caminar, para ser feliz ni para tener éxito. Me gustaría invitar a quien esté leyendo este libro, seas quien seas, hayas hecho lo que hayas hecho en tu vida, a que empieces a caminar ahora mismo.

Después de la invitación formal, toca hablar de algo que suele pasar desapercibido. En el experimento de la caminología, la ciencia se usa para tener razón. Para llegar a la conclusión de que «las personas necesitamos un curso para aprender a caminar».

¡Lo dicen los números! Amén. Es una actitud muy común hoy en día. Sin embargo, la función real de la ciencia no es esa. A la ciencia le importa un carajo tener razón. A quien le importa es al ser humano. Entonces, ¿cuál es su verdadero papel? La ciencia sirve para ver una situación de vida desde una perspectiva diferente. ¡Y ojo! La perspectiva «ciencia» no es mejor que la perspectiva «Sergi Torres» o la perspectiva «David del Rosario». Tampoco es mejor que la perspectiva «Trump» o la perspectiva «espiritualidad». Es solo otro punto de vista. El uso equivocado de la ciencia nos ciega, nos impide romper límites, nos impide ir más allá de nuestras propias reglas.

SERGI: Intuyo que es por esto por lo que expresas que aún no se ha encontrado la teoría del todo. La famosa teoría del campo unificado que permitiría explicar cualquier fenómeno del universo. Muy probablemente no se ha descubierto porque estamos mirando el espacio y el tiempo como algo establecido y concreto, sin ser conscientes de que son apreciaciones más cercanas a una imaginación que a un hecho. Seguramente, cualquier científico o estudioso que empiece a considerar el espacio y el tiempo como una imaginación humana empezará también a ser consciente de cuántos acontecimientos ocurren en nuestro mundo y que no vemos porque los estamos midiendo desde nuestros propios criterios. Lo mismo ocurre cuando pensamos en Dios.

El espacio y el tiempo, tal y como los seres humanos los consideramos, excluyen cualquier entidad universal a la que por un momento llamaremos Dios. Dios no responde a las leyes humanas. Responde a sus propias leyes. Los seres humanos hemos inventado nuestras propias leyes y las aplicamos al universo, estableciendo nuestra realidad espacio-temporal. Al hacer esto, perdemos la conciencia de Dios. Lo máximo que podemos hacer es creer en Él o no creer en Él, pero ese Él no es Dios. Estamos ciegos.

Y hemos desaparecido del radar de ese campo divino universal. Dios no sabe que existimos.

Imagina que somos un vehículo que pasa a 50 km/h por delante de un radar de tráfico que está calibrado a más de 80 km/h. El radar no te ve, no es consciente de que has pasado por delante. Imagina ahora que la velocidad de 50 km/h representa la consciencia humana y el radar calibrado a 80 km/h, la conciencia divina: cuando piensas a partir de tus pensamientos humanos —50km/h—, la conciencia divina —radar calibrado a 80 km/h— no los ve.

Si imaginamos que la concepción separada de las cosas tiene una velocidad máxima de 50 km/h y la conciencia de unidad concibe la realidad a partir de los 80 km/h, es lógico que, si tú crees ser un ser separado, la unidad —Dios— no te perciba. Entonces cada vez que yo me veo a mí mismo como Sergi, este Sergi termina siendo alguien aislado, solitario y huérfano, porque no hay nadie más en todo el universo que vea y comparta eso que yo estoy concibiendo de mí mismo. Ahí es cuando paso a sobrevivir y mi organismo pasa a regirse por la biología de la supervivencia.

Solo desde el presente puedes hacerte responsable de todo lo que imaginas con tu mente y no es real. Cuando tú eres consciente de que percibes el planeta Tierra plano, eres consciente de que esa percepción no define a nuestro planeta, ni tampoco lo convierte en plano. Sin embargo, si no soy consciente de que es una mera percepción, la forma plana imaginada de ver el planeta puede llevarme a pensar con absoluta certeza que el planeta es plano. Así es como llegamos a justificar que podamos quemar en una hoguera a cualquier persona que contradiga nuestra realidad con afirmaciones demoniacas como que la Tierra es esférica.

Cada día percibo el sol moverse a medida que avanza el día. También veo el reloj avanzar. Pero eso no imprime realidad ni definición. En verdad, la realidad se define a sí misma y nosotros la interpretamos como queremos. En nuestro caso, seres humanos de la actualidad que vivimos en el planeta Tierra, medimos la realidad temporal de forma lineal. Sin embargo, cuando sean las 14.45 de la tarde serán en este presente. Y cuando sean las 8.27 de la mañana también serán en el mismo instante llamado presente.

DAVID: Totalmente. Vemos en las manecillas del reloj o en los números del teléfono móvil la prueba irrefutable de que el tiempo existe. No somos conscientes de que ese número es un acuerdo al que llegaron un grupo de científicos hace un mes.

SERGI: ¿Cómo?

DAVID: ¡Sí! ¡Sí! ¡Tal cual! La hora es un acuerdo científico. Tu teléfono móvil contacta con veinticuatro satélites para saber la hora, y, a su vez, este Sistema de Posicionamiento Global —el famoso GPS— se comunica con el Observatorio Naval de Estados Unidos en Washington. En él trabajan unos científicos muy simpáticos que se dedican a calcular el tiempo con la ayuda de setenta relojes atómicos de cesio repartidos por el mundo; un proceso enrevesado que tarda en completarse un mes. Así pues, los números que ves en tu teléfono ahora son el acuerdo que alcanzó este grupo de científicos el mes pasado. Aquello a lo que llamamos tiempo es un acuerdo, una percepción.

SERGI: David, en una ocasión pude ver que la posibilidad de teletransportarnos existe y está íntimamente relacionada con la percepción del tiempo. Si vas de un lugar a otro sin usar un tiempo perceptible, te acabas de teletransportar. Te cuento mi experiencia.

Me encontraba sentado en un autobús en la parada de Dutch Mill Park and Ride de Madison, en Estados Unidos. Su destino era el Aeropuerto Internacional O'Hare de Chicago y mi destino final, Barcelona. Estaba regresando a casa después de unas semanas de viaje. Como conocía el trayecto, sabía lo pesadas que eran esas tres horas de viaje en autobús, más la espera en el aeropuerto, más el vuelo intercontinental, más el vuelo de conexión. Ante ese panorama, enfoqué, sin ser muy consciente de ello, toda mi voluntad en una idea: llegar en ese mismo instante al aeropuerto de Barcelona.

A partir de ahí sucedieron cuatro cosas simultáneas. Una: de repente y sin entender nada supe que la posibilidad existe; de hecho, la vi. Dos: mientras veía existir la posibilidad, desde la ventana del autobús veía cómo los edificios y los árboles se inclinaban primero hacia delante y luego hacia atrás, como si el autobús se hubiera convertido de repente en el *Halcón Milenario* de Han Solo y yo fuera Chewbacca a punto de saltar a hipervelocidad. Tres: apareció el puro pánico ante la posibilidad completamente loca de verme sin más en el aeropuerto de Barcelona. Y cuatro: usé el miedo y la estela de la misma voluntad que detonó esa situación, con más fuerza si cabe, para detener esa «locura». Chewbacca no estaba listo. (Carcajadas.)

Tardé unos pocos minutos en asimilar lo que acababa de vivir. Mi cuerpo aún temblaba ligeramente cuando escuché la voz del conductor anunciar mi parada en el Aeropuerto Internacional O'Hare. Acababa de colapsar un viaje de poco más de tres horas en un instante. Incluso la parada de descanso que se realiza sobre las dos horas de viaje había desaparecido de mi consciencia. Miré a las personas de mi alrededor por si les había quedado cara de hipervelocidad, pero todas ellas actuaban con absoluta normalidad. Me di cuenta de que solo yo había vivido ese colapso, y de que dicho salto estaba vinculado a la mente y su relación con el tiempo.

Un ejemplo de ello sería una persona que tuviese la misma edad que la Vía Láctea, que se estima en unos trece mil seiscientos millones de años, y que percibiera el tiempo como lo hace nuestra galaxia. Para esa persona galáctica, las tres horas del viaje de la parada de autobús al Aeropuerto Internacional de Chicago significarían 6,4 nanosegundos. Recorrer 240 km que separan el punto de origen del destino final en 6,4 nanosegundos podríamos llamarlo teletransportación. Esto podría indicar que la teletransportación dependería solo de dónde se sitúa la concepción del tiempo, concepción humana o concepción galáctica, por poner un ejemplo.

Una vez fuera del autobús, no tardaron en aparecer preguntas en mi cabeza. Yo he vivido tres horas en un instante, sin dormirme y sin tomar sustancias que pudieran alterar mi percepción de la realidad, pero la señora simpática del asiento de delante no tenía cara de haber vivido lo mismo. Entonces, ¿qué ha sucedido durante las tres horas que ha tardado en llegar el autobús según la versión de la señora? Los dos hemos recorrido la misma distancia con el mismo autobús, pero ella en tres horas y yo en un instante. Cada uno vivió dos realidades completamente distintas. ¿Significa eso que el tiempo nace en la mente humana? ¿Significa que habría podido colapsar del todo el tiempo y teletransportarme directamente al aeropuerto de Barcelona? Y si me permites la ironía, ¿me hubiera encontrado en el aeropuerto de Barcelona con la señora simpática en brazos mirándonos los dos con cara de tontos? (Risas.)

Ahí pude ver que teletransportarme de Chicago a Barcelona es una posibilidad altamente desafiante para el criterio convencional. El miedo que sentí ante semejante reto fue el motivo por el cual aborté la experiencia. Sentí que si lo hacía, mi «yo histórico» desaparecería por el camino, el «yo» que había ido del autobús hasta el aeropuerto de Chicago y también el «yo» que había subido al avión en el aeropuerto de O'Hare. El «yo», tal como lo comprendía, dejaría de existir. Mi mente humana personal dependía de ser consciente del trayecto hasta el aeropuerto de Barcelona para poder mantener en pie su propia identidad. La mentalidad superviviente te lleva a depender de lo conocido a toda costa y, por eso, detuve algo que se inició de forma natural y que no podía manejar a conciencia. Colapsé el tiempo hasta donde mi mente creyó que podía soportar, y aun así la sacudida fue completa.

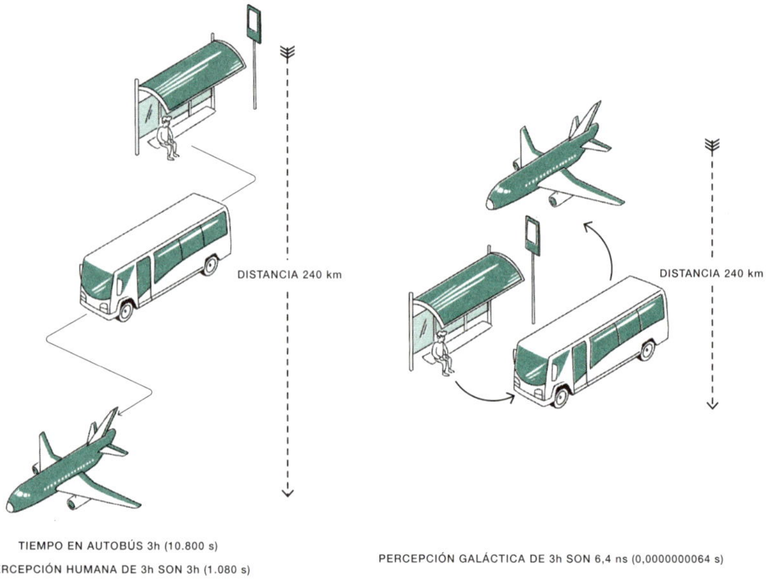

¿Teletransportarse? ¿Sin ningún artefacto tecnológico de última generación? Fíjate que es una cuestión de tiempo, y nunca mejor dicho. Si recorres una distancia de 240 km en un tiempo de 3h, la mayoría de personas pensarán que te mueves a una velocidad comprensible por nuestra manera de percibir el tiempo. En cambio, si tuvieras la perspectiva del tiempo que pudiera tener una galaxia —en relación a su tiempo de vida—, verías las 3h como unos 6,4 nanosegundos. Recorrer 240 kilómetros en 6,4 nanosegundos es teletransportarse. Me acuerdo ahora del entrañable Prot, un visitante del planeta K-PAX —K-PAX 2001— que, cuestionado por un grupo de astrónomos terrícolas acerca de la teletransportación, accede a realizar una demostración. Después de unos segundos de tenso silencio esperando ver cómo se teletransporta Prot, los científicos le preguntan: «Pero ¿cuándo vas a…?», a lo que Prot responde: «Ya estoy de vuelta».

DAVID: ¡Qué fuerte! Efectivamente, el tiempo nace en la mente humana. Es una construcción mental igual que el dolor, el gusto o el espacio. ¿Y cómo lo sé? Porque el cuerpo humano no tiene un órgano capaz de percibir el tiempo como ocurre con la luz —captada por los ojos— o el sonido —captada por los oídos—. El tiempo es una construcción mental. Un cóctel neuronal compuesto de hormonas, conceptos, atención y emociones. Por eso las personas con niveles elevados de dopamina en sangre dilatan su percepción del tiempo. Lo sobrestiman. Sus recuerdos son más largos y el tiempo pasa más lento.[1] En cambio, para una persona escasa de dopamina el tiempo vuela y sus recuerdos son más cortos. Subestima. El tiempo se encoge. Algo que puede verse en pacientes de párkinson o alzhéimer.[2]

¿Y cómo se las apañó tu cerebro para convertir tres horas en diez minutos? Ten en cuenta que el principal objetivo de un cerebro sano es ofrecer un buen presente, es decir, una experiencia coherente y apetecible. La veracidad le importa un bledo. ¿Cuánto tiempo eres capaz de soportar? ¿Diez minutos? ¡Oído cocina! ¡Marchando manipulación de percepción temporal! Seguramente tus niveles de dopamina cayeron en picado. En términos de neuronas, lo más probable es que la corteza dorsolateral prefrontal —palma de la mano derecha sobre las cejas— tomara la batuta del tiempo en tu cerebro y trabajara codo con codo junto con la corteza cinglada anterior, el área motora suplementaria, los ganglios basales —estriado dorsal y sustancia negra— y los hemisferios cerebelosos laterales.[3] De este modo, la percepción temporal de tres horas podría condensarse en diez minutos.

Además, dejando la neurociencia a un lado, la teletransportación es totalmente posible para la física. En la mecánica cuántica —la física de lo diminuto—, existe una cosa que se llama «función de onda» y sirve para escenificar el comportamiento de un manojo de partículas con pelos y señales. Dado que todos los elementos son idénticos entre sí —el hierro que circula por tu sangre es igual que el de una piedra—, podríamos copiar y pegar la función de onda del puñado de partículas llamadas «Sergi» en otro espacio-tiempo. Obviamente, primero lo probaría con Chewbacca por si no funciona. (Risas.) Hasta la fecha, 8 de mayo de 2019, y según el teorema de la no clonación, ese copia-pega es posible siempre y cuando se destruya la función de onda original.

Sergi: ¡Oh! A ver qué me dices de esta otra experiencia referente al tiempo mientras viajaba por el Tíbet.

David: Madre mía, Sergi... ¡No se te puede sacar de casa! (Risas.)

Sergi: En esta ocasión iba en un vehículo todoterreno cruzando el desierto de Xinjiang en dirección a la capital del Tíbet cuando, de repente, tuve la sensación de ser escupido de mi cuerpo. Vi el vehículo hacerse pequeño, vi el planeta hacerse pequeño, hasta que dejé de percibir. No entraré en detalles, pero sí te diré que viencié un tiempo que no era lineal ni consecuente tal como lo percibimos. Viví el tiempo como una esfera. Mi consciencia, la que sentí que era escupida de mi cuerpo, estaba ahora en el centro de esa esfera temporal. Proyectadas, esparcidas a lo largo y ancho de esa superficie, estaban ocurriendo todas las experiencias de vida «Sergi». Todas ellas sucedían simultáneamente proyectadas en la superficie interior de esa esfera, igual que en los periódicos de Harry Potter, donde en cada fotografía o noticia hay una secuencia de imágenes en movimiento, una especie de GIF.

Ahí me di cuenta de que para «yo ser yo», para yo ser Sergi, necesitaba ubicarme en un espacio tridimensional, en un tiempo lineal, y sostener esa ubicación todo el tiempo posible. Pude ver con más amplitud que en realidad el espacio y el tiempo, vistos como los veía antes de esta experiencia, eran solo una versión, una posibilidad de entre muchas otras. Soy consciente de que todo está coexistiendo en el mismo lugar y que es posible percibir esto dependiendo de dónde sitúes tu consciencia. Cuanto más particularizas la conciencia en «Sergi» o en «David», menos información tienes y más perdido vive uno. Cuanto más en el centro de la conciencia estás, más información tienes, más sabes que no eres lo que estás percibiendo y que eres una versión del todo.

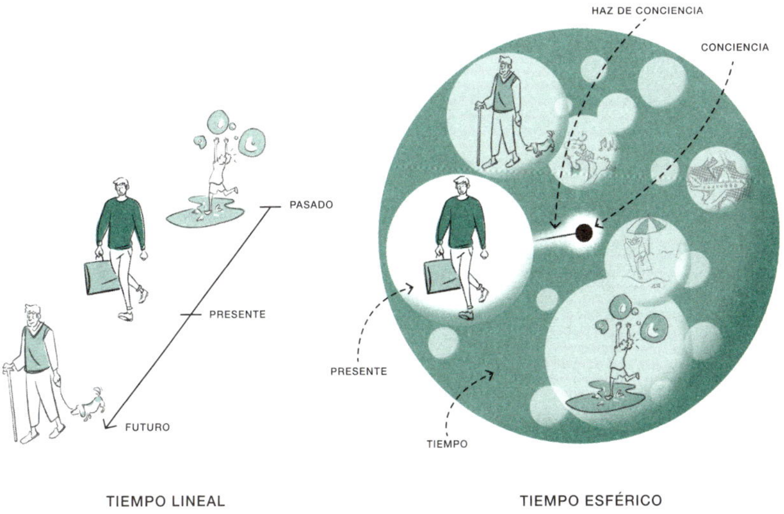

TIEMPO LINEAL

TIEMPO ESFÉRICO

Este modelo esférico del tiempo no pretende ser entendido. Solo pretende abrir una escotilla dentro del submarino de lo preestablecido, para asomarnos y ver al tiempo como una entidad esférica, viva. Fíjate que, en esta propuesta, nuestra consciencia no viaja a través del tiempo —del pasado hacia el futuro—, sino que está situada en el centro, inmóvil, atendiendo a un instante que llamamos presente, mientras el resto de acontecimientos coexisten al mismo tiempo. Todos los sucesos ocurren en un mismo instante, pero aquel en el que se posa nuestra consciencia pasa a ser el presente vivido.

Lo que ahora estamos experimentando los dos, sentados alrededor de esta mesa, es la manifestación física de la creencia de que estamos aquí sentados alrededor de la mesa. Sin embargo, en realidad, estamos existiendo simultáneamente en todos los espacios de tiempo existentes, porque el tiempo es una pequeña mota de polvo dentro de nuestra mente absoluta. Tú y yo solo somos conscientes de esta situación en la que estamos sentados alrededor de esta mesa, porque detrás de nuestra percepción hay una creencia que limita todas las posibilidades a solo esta.

La capacidad de proyectar nuestros pensamientos, a través de la cual nosotros construimos nuestro mundo, da como resultado un mundo imaginado que no es cierto. No es cierto, porque este mundo está basado en los pensamientos personales que, en realidad, no son más que imágenes en nuestra mente. Igual que cuando imaginábamos que la Tierra era plana.

DAVID: ¡Einstein llegó a la misma conclusión usando las matemáticas! El físico vio que el espacio y el tiempo se mezclan cuando las cosas se mueven. ¡Y todo se mueve! Los átomos, las personas, la Tierra, tu suegra… ¡Todo está en continuo movimiento! ¿Y qué hizo Einstein? Asumió el espacio-tiempo como un todo entremezclado. Al hacerlo pudo ver cómo pasado y futuro ocurren simultáneamente. Las matemáticas tienen la capacidad de llevarnos más allá de la percepción, más allá del sentido común, hacia un lugar infinito de posibilidades. Antes hemos visto que espacio y tiempo son una percepción de la mente, un acuerdo entre neuronas, así que podemos hablar sin pelos en la lengua.

El ayer y el mañana comparten el mismo instante a todos los niveles del cosmos. No importa que hablemos de planetas, de lo gigantesco o de lo diminuto. Richard Feynman, el premio Nobel que encontraba inspiración en clubs de estriptis, explica a través de la mecánica cuántica cómo una antipartícula puede afectar a su pasado desde el futuro. Como habías predicho anteriormente, Sergi, la teoría del todo solo es posible si asumes que espacio y tiempo por separado son una ilusión.

¿Entonces cómo puedo yo, presidenta de la mesa electoral o crítico de cine, vivir el presente sin saber matemáticas o tener una experiencia extracorpórea en el Tíbet? Reconociendo en tu propia experiencia que el ahora no se encuentra a medio camino entre pasado y futuro, reconociendo en lo cotidiano que se trata de una ilusión, una imaginación, un acuerdo. Tu vida te ofrece constantemente ejemplos para que dejes de ver el presente imaginado que aprendiste neuronalmente a ver. Ese presente imaginario es coherente, sí, pero no es real. El verdadero presente no se encuentra entre el ayer y el mañana: está naciendo con la expansión del universo. A tiempo real. ¿Puedes sentirlo? El presente incluye todo tu pasado. Incluye todo tu futuro. Incluye todo lo que estás pensando y sintiendo. ¿Y qué significa esto? Significa que todo lo que has pensado y pensarás son los efectos de lo que estás pensando ahora. Significa que todo lo que has sentido y sentirás son los efectos de lo que estás sintiendo ahora. Este es el presente de Richard Feynman y Albert Einstein, es el presente de Sergi Torres y David del Rosario. Tu presente.

CONVERSACIÓN 4

Ludwig van Arquímedes

Las esferas de conocimiento, el cerebro universal y la creatividad

SERGI: Lo que te voy a contar, David, ocurrió en febrero de 2004. Esta fue la primera vez que tuve la inesperada experiencia en la que parecía que mi cerebro, en lugar de pensar pensamientos, recibía pensamientos. Esto es lo que vino a mi mente. (Sergi abre una libreta y empieza a leer un texto manuscrito de esas ideas que explica que llegaron a su mente y anotó.) «Esto que la mente vive es algo que tú asumes vivir. Y parece real porque tu mente está generando tu realidad, tu mundo mental, tus deseos, ideas e ilusiones con toda su expresión. Cada neurona que sirve a este propósito, cada neurona que crea tu propia historia, está desconectada del conocimiento.» Estas palabras llegaban a mi cabeza junto con unas imágenes. Veía esferas que contenían conocimiento o información veraz. Y vi con claridad que cuando uno vive desconectado de esas esferas de conocimiento, sus neuronas, con muy buena intención, pasan a construir información inventada para llenar ese vacío. ¿Y si nuestras neuronas no estuvieran diseñadas para construir pensamientos, sino más bien para simpatizar o sintonizar con esas esferas de conocimiento? Desde esta posibilidad, el cerebro sería algo así como una sucursal del conocimiento.

Sigo leyendo: «Las neuronas que propagan ideas alejadas de las esferas de conocimiento están siendo sometidas a una gran aflicción y no contienen el valor real de lo que son». Te presento, pues, el gran sufrimiento del hombre librepensador. Cada ser humano, con su libertad de pensamiento, ejerce este derecho de forma dispar. Unos más estrechamente ligados a sus esferas de conocimiento y otros más alejados. Cuanto más cercano a dichas esferas, más estable es una mente, y su aparato físico goza de armonía. «Siento que aún no estés en disposición de apuntarte a este grupo.» Ese zasca iba dirigido a mí. (Risas.) Continúo: «Tú estás ahora en el sendero de la ilusión, transmitida desde tus ancestrales generaciones». Ahí se está hablando del efecto de vivir bajo nuestra percepción del espacio y del tiempo.

Con todo esto pude ser consciente de que lo que yo vivo en primera persona es tan solo una experiencia generada desde un espacio mental propio, o, mejor dicho, del que me he apropiado, pero que no contiene conocimiento. A pesar de todo existe una manera de «orientar» las neuronas, de hacerlas «vibrar» de tal forma que conecten con el conocimiento esencial. Cuando las neuronas sintonizan con la esfera de conocimiento, el aparato físico llamado cerebro entra en armonía y no necesita crear su propia imagen separada e individual y en oposición al resto de la realidad. ¿Y si esa oposición del «yo» con el resto del mundo fuese causa invisible de nuestros desajustes mentales? Si eso fuese así, un cerebro sano no sería aquel que solo goza de un buen estado fisiológico, sino que su salud también estaría ligada a la calidad de sus procesos mentales. De este modo un cerebro en paz sería aquel que no vive aferrado a su propia realidad. Su propia imagen del «sí mismo».

¿Sabes qué es lo complejo de mostrarle a alguien que cree ser solo lo que él piensa que es? Que no puede comprender más allá de sus interpretaciones. Que no ve más allá de sus propios pensamientos. Por ejemplo, miras un objeto por unos segundos y seguidamente dejas de verlo. Ahora recuerda ese objeto. Verás así que el objeto es un objeto y que tu recuerdo del objeto no es el objeto propiamente. Es una imagen en tu cabeza que no tiene nada que ver con el objeto. Una imagen mental de un objeto y un objeto no son lo mismo. Nuestro cerebro concluye que sí, y de esa conclusión proviene la sensación de que he comprendido lo que he visto. En realidad nunca llegas a ver el objeto porque una imagen se interpone. Solo ves lo que piensas acerca de él. Imagínate trasladar esto al maravilloso mundo de las relaciones humanas...

Este ejemplo ilustra lo que llamamos proyección: imponer sobre una persona, situación u objeto nuestra imagen mental construida a base de nuestras ideas personales. En cambio, si aprendes a relativizar tus interpretaciones —si dejas de usar un conocimiento autogenerado que da lugar a lo que llamamos proyecciones, ilusiones mentales o espejismos—, se abre la posibilidad real de sintonizar con las esferas de conocimiento.

Muchas personas han tenido conexión con el conocimiento, ni que sea por un instante. A esos instantes los llamamos instantes de inspiración. En ellos aparecen nuevas ideas que claramente no surgen porque las hayamos fabricado nosotros, sino que aparecen sin más en nuestra mente. Esos pensamientos inspirados no se rigen por ninguna lógica.

David: De hecho, las personas nacemos conectadas a esas esferas de conocimiento —tal vez a través de los genes—. Yo las llamo «cerebro universal», pero es la misma idea. He visto con mis propios ojos cómo mi sobrino, con cuatro meses de edad, conoce la primera ley de Newton: se mosquea si un objeto atraviesa un sólido o si se mueve sin que nadie lo empuje. Sin ir a la escuela, mi sobrino sabía que un objeto permanece en reposo a no ser que actúe sobre él una fuerza externa.[1] ¡Y la cosa no acaba aquí!

Los niños son capaces de inventar un sistema económico para intercambiar cromos sin que ningún adulto guíe el proceso o de desarrollar su propio sistema moral. En este sentido, Gustavo Faigenbaum estudió los sistemas económicos de los más pequeños, mientras que Karen Wynn examinaba la idea de justicia en la Universidad de Yale. Karen diseñó un teatro de marionetas para llevar a buen puerto su experimento. Durante el primer acto, un triángulo empujó a un círculo por una colina y, en el segundo, un círculo ayudó a subir la colina al triángulo. Los bebés que contemplaron la escena simpatizaron enseguida con el círculo y se enfadaron al ver al triángulo. Estas habilidades procederían del cerebro universal y surgen de manera espontánea en los patios de colegio.

Hacerse mayor es, en cierto modo, construir tu propia esfera de conocimiento individual. Es quedar atrapado en una imagen personal del mundo. Es aislarse del conocimiento universal. Recuerdo el día en que mi sobrino se hizo mayor porque mi madre dijo: «Qué bonico, ya tiene conocimiento propio». Ahí, justo en ese instante, una parte de él se desconectó del universo y su personalidad tomó el control.

Nacemos enchufados a las esferas de conocimiento. A los pocos días de venir al mundo podemos distinguir el sexo de otro bebé independientemente de cómo vaya vestido —algo que para un adulto puede resultar imposible—, o diferenciar el estado de ánimo de un perro con tan solo escucharlo ladrar.[2] Antes de ir a la escuela, entre los dos y seis años de edad, la memoria apenas existe.[3] Tendremos que esperar a la etapa escolar para que la capacidad de recordar comience a desarrollarse junto con la atención. De los seis a los catorce años, aprendemos a ordenar eventos cronológicamente —memoria de trabajo—, pero no será hasta la adolescencia cuando organicemos el tiempo de forma inversa.

Para entender esta idea: si estamos en Navidad y retrocedemos en el tiempo…, ¿qué nos encontramos antes, verano o Semana Santa? Cuando empezamos a organizar el tiempo de esta manera damos la bienvenida al pensamiento hipotético —el cual nos permitirá comernos la cabeza con los «Y si…» o los «Creía que…»—.[4]

Nuestra esfera individual de conocimiento estará lista alrededor de los veintipocos años. Para entonces, ya habremos almacenado suficientes recuerdos y proyecciones futuras como para atrevernos a sustituir el conocimiento universal por nuestro conocimiento personal. ¿Y qué hay de malo en ello? Resulta que los recuerdos y las proyecciones futuras no están diseñados para dirigir una vida, sino para ahorrar energía. La memoria es menos fiable que un presidente corrupto testificando ante el juez. Con la magia propia de los experimentos, la neurociencia demuestra que los recuerdos cambian todo el tiempo. No son una caja fuerte. Cada nueva experiencia de vida hace a los recuerdos más imprecisos y surrealistas.[5] Es el precio neuronal que pagar por mantener un presente coherente. Bajo el estandarte de la memoria y las proyecciones, nos aislamos del conocimiento universal y damos paso a una mentalidad superviviente que tarde o temprano nos pasará factura.

Sergi: Y como hemos visto en el ejercicio del objeto, desde el interior de nuestra esfera individual no podemos ver que, cuando pensamos una idea a partir de nuestra experiencia personal almacenada, en realidad no estamos pensando nada. Tan solo estamos replicando nuestra individualidad. ¡Pero ahí llega la mentalidad del genio al rescate! El genio no piensa una nueva idea genial como consecuencia de un aprendizaje previo, sino que esa idea proviene de fuera de su marco mental. Eso significa que esa idea «genial» va a transformar la mentalidad, que se usa como pista de aterrizaje para esa genialidad. Es decir, sintoniza con la idea, y al hacerlo transforma todo su contenido mental. Hay un antes y un después. En verdad no piensa la idea. La ve.

Esas ideas no llegan por un proceso de conclusión racional sino de contemplación. Esa idea, además, también tiene la capacidad de transformar todos los preestablecimientos humanos. Solo así descubres que el conocimiento ya existe de por sí, que es previo al origen de la inteligencia humana. Ser un genio es permitir que tu cerebro sea consciente de ideas inhumanas.

Por ejemplo, la penicilina y sus usos médicos ya existían previamente a su descubrimiento. La idea de la penicilina siempre ha existido. Pero hasta que un ser humano no se abre a ese conocimiento y a descubrir algo que va mucho más allá de su búsqueda, no podemos acceder a ella.

David: Estás describiendo el proceso que llevó a Arquímedes a resolver el dilema de la corona. ¿Conoces la historia? (Sergi niega con la cabeza.) La leyenda cuenta que, hace más de dos mil años, Hierón II de Siracusa entregó a un orfebre la cantidad de oro necesaria para fabricar una nueva corona. Las malas lenguas decían que el artista había sustituido parte del oro por otro material y, para acallar las habladurías, el rey pidió a Arquímedes que determinara si el rumor era cierto. Solo puso una condición: no dañar la corona.

Durante meses, el científico pasó noches en vela sin dar con la solución. Un día, simplemente lo dejó por imposible. Semanas más tarde, mientras disfrutaba de un relajante baño, Arquímedes observó que el nivel del agua aumentaba al entrar su cuerpo en la tina. Estaba a punto de entonar el legendario «Eureka». De pronto, sin más, apareció en su mente la solución al dilema de la corona. De tanta emoción, al menos eso cuenta Vitruvio, olvidó vestirse y fue corriendo en pelotas a casa. Luego, Arquímedes sumergió un lingote de oro equivalente a la cantidad de metal que Hierón II de Siracusa había dado al orfebre para construir la corona, y anotó cuánto debía aumentar el nivel del agua. Dado que las partículas de agua no se comprimen, el científico pudo calcular su volumen fácilmente. A continuación pesó el lingote con una báscula y calculó su densidad. Pan comido. Las malas lenguas estaban en lo cierto. El orfebre pasó el resto de sus días entre rejas. (Risas.)

La historia de Arquímedes nos muestra cómo el proceso creativo puede reconectarnos con el cerebro universal. Tiene su intríngulis. El proceso creativo nos lleva por tres etapas: preparación, resolución espontánea y toma de consciencia. En la etapa de preparación, Arquímedes pasó noches en vela devanándose los sesos para encontrar la solución al dilema de la corona. El objetivo de esta etapa es hacernos expertos en el tema y crear una imagen mental del problema que servirá como estímulo en la etapa de resolución espontánea. ¡El objetivo de la etapa de preparación no es resolver nada! Es hacer un mapa mental de la cuestión que hay que resolver. ¿Y sabes qué? No influye en el resultado cuánto te esfuerces, las noches que pases sin dormir o cuánto te preocupes. Simplemente hay que introducir en tu cerebro la información de la cuestión que resolver. La forma no importa.

Antes de entrar en la etapa de resolución espontánea, debemos saber qué ocurre en el cerebro de Arquímedes cuando «no hace nada». Colándonos con permiso en su cerebro con un dispositivo de neuroimagen mientras se baña plácidamente en la tina —en reposo y con la mente en blanco—, vemos cómo la pantalla del escáner marca una actividad muy elevada. El conjunto de neuronas que trabajan cuando «no hacemos nada» se conoce como «red neuronal por defecto» y consume el 90-95 % de la energía cerebral. La red neuronal por defecto es más larga que un día sin pan. Puede alcanzar varios kilómetros de longitud a su paso por diferentes estructuras cerebrales, como la corteza prefrontal medial, la dorsomedial, la corteza temporal lateral, la corteza parietal medial y lateral, la corteza cingulada anterior, la posterior, el precúneo y el hipocampo entre otras.[6] Esta red, por defecto, tomará la imagen mental del problema creada en la etapa de preparación como punto de partida, y se pondrá manos a la obra hasta dar con la solución.

Debido a su naturaleza involuntaria, la red por defecto alcanza su máximo rendimiento cuando no realizamos acciones voluntarias —como razonar o preocuparnos por algo—. En cristiano: cuando te preocupas o buscas la solución racionalmente, la red neuronal por defecto deja de trabajar en la resolución del problema. Fluir, divertirse, divagar o vivir el presente son los máximos promotores de la etapa de resolución espontánea. La preocupación, el miedo, la presión desmedida, el estrés o el esfuerzo no hacen más que posponer la solución. La etapa de resolución espontánea es, sin lugar a dudas, la etapa más difícil del proceso creativo para la mayoría de las personas y empresas. En el fondo, todavía creemos que todo lo bueno que nos ha pasado en la vida lo hemos ganado a base de esfuerzo. No es cierto. Solo los procesos creados por el hombre —un examen de oposiciones o una relación de pareja— requieren necesariamente esfuerzo.

Entramos en la recta final del proceso creativo. La red neuronal por defecto hace de enlace con el cerebro universal y las esferas de conocimiento. En la etapa de toma de conciencia aparece espontáneamente en la mente de Arquímedes un «pensamiento esencial» con la solución al dilema de la corona. La actividad de la red por defecto disminuye, y la atención consciente toma el control. La corteza prefrontal dorsolateral —palma de la mano entre la ceja y la sien con la punta de los dedos mirando al cielo—

nos ayuda a ponernos manos a la obra.[7] La acción mental es similar a cazar mariposas con una red: o prestamos atención al pensamiento esencial, o «Sayonara, baby».

Un pensamiento esencial se caracteriza por una serie de marcadores físicos y emocionales: ligereza corporal, sensación de aumento en la capacidad pulmonar, brillo en los ojos, cambio en la conductividad eléctrica de la piel —pelos como escarpias—, cosquilleos generalizados y una sensación de certeza absoluta. Tu nivel de bienestar y excitación se disparan. No hay duda. Sabes que es él. Y lo sabes con la misma certeza que cuando encuentras al amor de tu vida.

SERGI: David, precisamente el amor y la creatividad van de la mano y además son nuestro estado mental natural. Cuando no vivimos en un estado mental creativo, vivimos en un estado mental reactivo y sufrimos. La mayoría de los pensamientos que solemos generar no son creativos y no nos aportan nada. Usar el cerebro para recibir pensamientos en lugar de generarlos marca la diferencia. Un pensamiento de fuera de tu marco mental te transforma de pies a cabeza. De ahí ese vello erizado. De ahí esa cosa que se siente en el cuerpo. De ahí la carcajada de Mozart, el sentimiento expresado en el trazo de Van Gogh o el desafío en las ideas de Ada Lovelace.

Se requiere una gran valentía para usar tu mente como receptáculo de ideas que nunca nadie ha pensado anteriormente —incluida la idea del «yo»—, porque eso implica hacer frente a una gran soledad conceptual. Los seres humanos, al no saber quiénes somos, creamos conceptos y buscamos acuerdos culturales o sociales como, por ejemplo, la forma que tenemos de concebir la muerte o la de determinar qué es bueno y qué es malo. Basados en esos acuerdos generamos el conocimiento cultural.

Un genio que piensa dentro de ese estado de creatividad es acultural. ¡Atemporal! Da a luz ideas que no tienen nada que ver con su contexto. Por eso Beethoven cambia el lenguaje musical de su época y por eso también en sus últimos conciertos la gente se va de la sala porque no comprenden. Hoy en día le aplaudimos. Igual ocurrió con Van Gogh. Nadie compraba sus cuadros. Hoy valen millones de euros. Por eso, esa idea, cuando nace, al no ser tuya, por ser universal, no la puedes retener: o la escribes, o la pierdes. No nace para quedarse en tu cerebro, sino que lo cruza como si fuera una brisa transformadora.

Esos pensamientos esenciales, cuando tú los descubres, no son solo para ti. ¡Son de todos! Es un pensamiento que tú piensas en nombre de la humanidad y para la humanidad. La creatividad es nuestro estado mental natural porque nosotros también somos una idea creativa pensada por el universo. Somos producto de una conciencia que nos piensa, y, al pensarse a sí misma en forma de «yo», transforma al universo entero. Eso es creatividad.

CONVERSACIÓN 5
Algo pasa con Soledad

De la culpa a la responsabilidad

DAVID: Conocí a José durante un evento. De entre las cerca de cuarenta conferencias que tenían lugar, la suya iría justo después de la mía. Caprichos de la programación. Fue la primera vez que tuve la oportunidad de hablar con alguien que había remitido una esclerosis múltiple —algo que, supuestamente, es imposible—. La esclerosis es una enfermedad que afecta a unas vainas de proteínas y grasas que recubren las fibras del sistema nervioso. ¿Y para qué sirven? Las vainas de mielina —así las llamamos— animan a las señales eléctricas que viajan por el organismo a acelerarse y, cuando se dañan, todo se pone patas arriba. Aparece la fatiga, alteraciones de la visión, espasmos, problemas para retener la orina y pérdida de sensibilidad entre otras cosas. Vamos, un cuadro. Actualmente, la esclerosis es irreversible.

A día de hoy, José todavía recuerda con angustia el momento del diagnóstico. Las imágenes médicas mostraban —solo a un ojo entrenado— más de cincuenta lesiones de hasta cuatro milímetros repartidas por el cerebro y la médula espinal. Normalmente, para diagnosticar esclerosis múltiple, la resonancia magnética tiene que evidenciar más de una lesión en dos de las cuatro localizaciones características —periventricular, yuxtacortical, fosa posterior y médula espinal—, de al menos 3 milímetros.[1] La cosa pintaba mal. El jarro de agua fría no tardó en llegar. En la segunda consulta el médico anunció que su culo estaría en una silla de ruedas en los próximos seis-doce meses. Tres años más tarde, José estaba delante de mí como una rosa, tomándose un café y un carrot cake que no me dejó probar —¡maldito!—. ¿Adónde había ido la enfermedad? ¿Es posible remitir una enfermedad «incurable»? ¿Qué había hecho José exactamente para remitir una esclerosis múltiple?

Dejemos para más adelante el tema de las remisiones espontáneas y centrémonos en la receta antiesclerosis de José. Su receta consistía en un cambio radical de vida. Dejó un trabajo que no le llenaba, comenzó a pasar más tiempo con sus amigos, a aficionarse a las comedias de risa, a tomarse las cosas menos en serio, a descansar cuando sentía que debía hacerlo, a alimentarse escuchando al cuerpo, a hacer deporte, a beber agua de mar y a meditar diariamente. Muchos de los cambios que José introdujo en su vida pueden llegar a explicar una mejoría de salud, como por ejemplo ver vídeos de humor. Nuestro querido sistema de defensas mejora sus condiciones hasta doce horas después de ver una comedia —concretamente aumenta el número de células NK, las «asesinas» de células cancerosas—.[2] Pero ninguno de esos cambios era capaz de explicar la remisión por sí solo. Mientras charlábamos en la cafetería del Barrio Gótico de Barcelona, aproveché una visita de José al señor Roca para llevar a cabo un experimento mental.*

Imaginé que me diagnosticaban la misma enfermedad. Men-

* Para los que no esté familiarizados con la expresión, el «señor Roca» es el retrete. «Roca» es un fabricante de objetos para evacuar la vejiga y el intestino bastante conocido en España.

talmente, volví a ver *Algo pasa con Mary* por decimoquinta vez en busca de una risa curativa —de nuevo me tronché cuando Ben Stiller se pilla un testículo con la cremallera del pantalón—, bebí agua de mar, enseñé con orgullo el trasero a mi jefe y me apunté a regañadientes a clases de meditación. A pesar de reproducir la receta antiesclerosis de José al pie de la letra, imaginé que la enfermedad no remitía. Entonces entró en escena mi personalidad, mi esfera de conocimiento individual, y me vi obligado a decidir entre ser víctima o verdugo. Es decir, podía elegir sentirme culpable por pensar que algo hice mal —«Tal vez no bebí suficiente agua de mar»—, o acusar a José de ser un charlatán. En cualquier caso, desde mi esfera de conocimiento personal, la culpa siempre estaba presente. Siempre aparecía en algún término de la ecuación.

La ciencia nos muestra que la enfermedad no tiene culpables. Somos 0 % culpables de que el sistema inmunitario ataque las vainas de mielina o las células que las producen. Somos 0 % culpables de que el tabaco reduzca hasta un 60 % la posibilidad de padecer párkinson[3] o de que el 85 % de las personas con cáncer de pulmón sean fumadoras.[4] ¿Quién tiene la culpa de eso? ¡Nadie! Somos 0 % culpables de las leyes de la biología o de la física. Ahora bien, somos 100 % responsables de cómo decidimos vivir. Somos 100 % responsables de cómo afrontamos una situación de vida. Somos 100 % responsables de vivir una posible enfermedad desde la culpa o la responsabilidad.

La herramienta que nos permite dar el salto de la culpa a la responsabilidad es el presente. ¿Por qué? Porque el presente tiene el potencial de alinear nuestro comportamiento con la forma de funcionar de la mente y el organismo. Si te fijas bien, la culpa siempre está ligada a un evento pasado o futuro, mientras que la responsabilidad es libre de cualquier desenlace. El presente ve responsabilidad donde otros ven culpa. Aquel día, gracias a José, pude ver que existe un «pensamiento prohibido», como la fruta prohibida del árbol del conocimiento del bien y del mal en el jardín del Edén. Una vez mordido, el pensamiento prohibido nos lleva al victimismo y a la culpa, activando una mentalidad superviviente.

Sergi: Existe un proceso cognitivo que la mayoría de las personas desconoce porque subyace bajo nuestros pensamientos personales. Este proceso invisible consiste en extirpar nuestra mente personal de la mente universal. El resultado de ello es el pensamiento «yo» o, como tú lo has llamado, el «pensamiento prohibido».

Cuando uno muerde este pensamiento prohibido, la consciencia se ensombrece quedando a la sombra nuestro sentido de existencia y nuestra unidad con todas las partes que forman la vida. Ahí pasas a ser tú y solo tú. Ahí aparece el miedo. Luego la soledad. Y finalmente la culpa. Estos son los tres pilares de cualquier personalidad que no recuerde su sentido universal.

Cuando un ser humano utiliza un sistema de pensamiento personal aislado, el miedo, la soledad y la culpa se convierten en sus motores básicos. Siempre están ahí ocultos. El miedo vive bajo casi todas las decisiones que tomamos en nuestra vida cotidiana. Incluso nos hemos llegado a convencer de que si siento miedo de perder a mi pareja es porque la amo. La culpa la usamos sin darnos cuenta en la mayoría de nuestros pensamientos, emociones y acciones, hasta el punto de sentirnos culpables de ser como somos. Y la soledad es una sustancia a la que estamos tan acostumbrados que son pocas las veces que la podemos sentir realmente. Pero siempre está ahí —por más que te comuniques con tus mejores amigos, incluso aunque uno de ellos sea el famoso señor Roca.

Solemos usar nuestra personalidad para cubrir sus propios tres aspectos básicos —miedo, soledad y culpa— y no sentirlos. Es por eso por lo que con frecuencia usamos a nuestras parejas para cubrir nuestra soledad. A su lado, al principio, no nos sentimos solos. Hasta que la soledad vuelve a asomar y pensamos que es debido a nuestra relación. Nuestra relación ya no es lo que era, llegamos a decir. Ahí es donde nuestro miedo a sentirnos solos empuja la culpa hacia fuera y la proyectamos en «el otro». Es muy doloroso vivirlo inconscientemente. Es tremendamente liberador vivirlo conscientemente. Y aquí aparece la honestidad como gran catalizador.

Cuanto más usas una relación para cubrir tu soledad, más vas a creer que dependes de esa relación o de esa persona. Al no ser resuelta, la culpa va a aparecer una y otra vez de forma natural, igual que un globo lleno de aire sumergido en el agua, para que podamos atenderla y liberarnos de ella.

Aquí reside el valor oculto de aquellos momentos que no sabemos cómo afrontar. Por ejemplo, el diagnóstico de una enfermedad tal y como le sucedió a tu amigo José. Ahí el miedo emerge sin clemencia. Si atiendes a ese globo que emerge por sorpresa a la superficie del mar, te transformas. A mi modo de entender no fue lo que José hizo lo que le ayudó. Fue su manera de relacionarse con la situación lo que le permitió, primero, transformar la manera de verse a sí mismo, y segundo, hacer los cambios que hizo en su vida.

Muchas personas caeríamos en la tentación de empezar por los cambios, por la receta. Pero al no haber un ejercicio de honestidad previo, usaríamos los cambios para acabar con la situación y enterrar nuevamente nuestras miserias. Nos olvidamos muy a menudo de enamorarnos de las situaciones, incluso de las que no entendemos previamente. Al decir esto vuelve a aparecer la cuestión de las relaciones en mi mente. Las relaciones humanas son un espacio perfecto para atender nuestras miserias de forma práctica.

A pesar de que en muchas relaciones el propósito es el de ocultar nuestras miserias aún desatendidas, su potencial liberador sigue presente. Cuando nos hacemos conscientes de ello, la relación, tal como la entendíamos previamente, se transforma. En ese ejercicio de autodesenmascararse uno, la relación se convierte en un espacio sagrado, en un espacio que permite y apoya la transformación de todos los que conforman dicha relación: pareja, familia, empresa, amigos, situación…

David, sé que esto tiene un impacto en el cuerpo. ¿Qué sucede en nuestro cuerpo cuando usamos una relación para cubrir nuestra soledad?

David: Llamemos «neuroamor» a una relación con el objetivo de esconder esa sensación de soledad. Normalmente vivimos el neuroamor en tres etapas: enamoramiento, amor pasional y consolidación. El enamoramiento se caracteriza por mariposas en el estómago y la desconexión de la razón. No es una metáfora. ¿Has tratado de explicarle a tu hijo o a tu mejor amiga que la persona de la que se acaba de enamorar perdidamente no le conviene? Entonces sabrás de primera mano que hacer entrar en razón a un cerebro enamorado es más complicado que morderse el codo. (Risas.) ¿Por qué? Porque su corteza prefrontal (la mano de David se posa en la frente) está literalmente desconectada. La serotonina, la dopamina, el cortisol y la testosterona son las hormonas encargadas de anestesiar la sensación de soledad hasta el primer o segundo año de relación. Ahí termina el enamoramiento.

Entramos en la etapa de amor pasional. Recuperamos la corteza prefrontal —razonamiento—, y el organismo pasa a estar controlado por la oxitocina y la vasopresina. Este nuevo cóctel hormonal aporta la confianza necesaria para consolidar la relación y reduce el estrés, invitándonos a buscar estabilidad, equilibrio y seguridad. La soledad se esconde detrás de la confianza que depositamos en el otro hasta el cuarto año de relación, momento en el cual el amor pasional se desvanece.

La última fase es la etapa de consolidación. Mirando las tasas de divorcio, el 50 % de las parejas rompen poco después del cuarto aniversario y el 70 % de las relaciones se convierten en amistad. La relación pende del hilo del compromiso y solo el 12,5 % de las parejas siguen «enamoradas como el primer día» durante la etapa de consolidación. Ahora sabemos que eso de «estar enamorado como el primer día» es una forma de hablar, porque es neurológica y bioquímicamente poco probable.[5] Obviamente, los períodos de tiempo de los que hablo son orientativos y siempre hay excepciones.

A nivel mental ocurren cosas muy interesantes durante el neuroamor. Todas las personas, por el hecho de contar con una esfera de conocimiento individual, tenemos una idea de pareja ideal y de relación ideal, una imagen mental feliz con todos los detalles de cómo debería ser una relación. Esa imagen mental feliz de relación es un popurrí con referencias de la historia de nuestros padres y de amoríos propios, salpimentado con películas románticas y series de televisión. Por ejemplo: en mi imagen feliz de relación, veo a una persona cariñosa, independiente —no demasiado—, que respete mis pasiones y mi intimidad. Veo a una persona que disfruta con el arte, la ciencia y el deporte.

El sufrimiento que yo experimento en mi relación va a depender de esa imagen mental feliz de relación. ¿Cuánto se parece mi relación actual a mi imagen mental feliz de relación? ¿Mucho? ¿Poco? ¿Recibo cariño? Sí. ¿Respeta mi libertad? Hum… Sí. ¿Le gusta el arte? Sí. ¿La ciencia? No mucho. ¡¿Cómo?! ¡Otra! (Risas.) El sufrimiento que experimentamos en las relaciones no es real porque proviene de una comparación mental entre mi relación actual y mi imagen mental feliz de relación. A decir verdad, nunca te has relacionado con tu pareja. Tampoco con tu padre o con tu mejor amigo. ¡Siempre te has relacionado con una imagen mental feliz de ellos! ¡Piénsalo! Tenemos una imagen mental feliz de padre, una imagen mental feliz de mejor amigo, una imagen mental feliz de novia o de relación.

Sergi: Cuando miramos la imagen mental que uno tiene acerca de una relación feliz, uno puede ver también todo lo que ha proyectado en esa relación. La honestidad nos permite ver eso. Cuando tú ves todo lo que estás proyectando en la relación, si prestas suficiente atención, también puedes ver todos los mecanismos que estás usando para tratar de deshacerte de tu soledad sin asumirla. Curiosamente, a la soledad se la trata como una amenaza, así como también a toda situación que nos lleve a hacernos conscientes de ella.

La honestidad es clave. La honestidad es el puente de una biología de huida y lucha hacia una biología de presencia. La honestidad te lleva a mirar de frente a los ojos de la soledad, del miedo y de la culpa. A descubrir que son un mero efecto psicológico, un producto de una decisión tomada desde un prisma humano que pretende llegar a ser exclusivo. Y, por lo tanto, excluyente. Gracias a la honestidad podemos profundizar en nosotros y ver, primero, todas aquellas decisiones inconscientes que tomamos para no sentir miedo, soledad o culpa. Y segundo, el pensamiento semilla que genera dichas emociones.

La soledad, así como las otras dos emociones elementales, es producto de un pensamiento que vive en las catacumbas más profundas del inconsciente. Cuando lo ves cara a cara también ves la libertad de dejar de pensar dicho pensamiento. Para llegar a este punto de libertad, se requiere de ese movimiento mental, de esa mirada honesta. Esto también implica llegar a confiar en el proceso. En el caso de la soledad, confiar en la relación, confiar en lo que se está dando dentro de esa relación. Cuando se usa la relación para ver todos esos mecanismos inconscientes, la relación pasa de ser una relación de dos personas aisladas, enlatadas en sus maneras de ver la vida, a ser una expresión de la misma conciencia expresándose a través de dos individuos.

Llegados a este punto, tu parte más particular y exclusiva/excluyente deja de tener importancia porque uno ya no trata de defenderse dentro de esa relación. Dejas de esforzarte por sentirte amado, por sentirte escuchado, por sentirte comprendido. Dejas también de esforzarte por tratar de amar, de escuchar o de comprender. En este punto estás siendo. Ahí el miedo, así como la soledad y la culpa, pierden su importancia.

David: La sensación de soledad es más peligrosa para la salud que la contaminación ambiental, la obesidad o fumar quince cigarrillos al día.[6] A pesar de todo, esa sensación de soledad es falsa. Mira a tu alrededor. Una flor no está sola. Una abeja no está sola. La abeja y la flor forman parte del mismo aparato reproductor. Una crea polen. La otra lo transporta. Las alas de la abeja están cargadas negativamente. La flor tiene cargas positivas. Al encontrarse, se produce el equilibrio electroestático, y el polen pasa de la flor a las alas del insecto. Puede que ninguno de los dos sea consciente de ello. Pero no importa. Todo sigue su curso. Lo mismo ocurre con el glóbulo rojo que transporta oxígeno o la planta que usa la energía del sol para romper moléculas de agua y obtiene oxígeno. Lo mismo ocurre contigo y tus relaciones.

Sergi: ¡Todo vive contenido dentro de un patrón perfecto! Este patrón sucede, aunque sea transparente a nuestra manera de ver el mundo. Una forma de ver, por cierto, que está llena de toscas interpretaciones. Es como si la flor de la que hablas interpretara la llegada de la abeja como una intrusión desagradable y se desahogara a golpes de queja. Y la abeja, en cambio, se quejase de tener que ir de flor en flor manchándose de polen hasta las cejas. (Carcajadas). La polinización seguiría ocurriendo inevitablemente a pesar de sus quejas. A pesar de que la abeja se repita una y otra vez, noche tras noche: «Mañana no vuelvo». (Más risas.)

Deambulamos de una relación insatisfactoria a otra y a otra y a otra debido a que, en realidad, la finalidad que nosotros le damos a la relación y su finalidad verdadera no coinciden. La finalidad de toda relación es compartir nuestra plenitud y felicidad. Sin embargo, mientras nuestra finalidad siga siendo que el otro me haga feliz a mí o que el otro me ame a mí, dicha relación va a tener como finalidad primera facilitar el descubrimiento de que, nuestra versión de relación, aparte de ser dolorosa, solo existe dentro de nuestra cabeza. Y mientras este gran descubrimiento no se haga efectivo, para que sí podamos finalmente liberarnos de nuestra versión, seguiremos yendo de relación en relación atraídos de forma natural, igual que la abeja a la flor, por más que sigamos quejándonos. Incluso aquellas personas que no quieren iniciar una nueva relación sentimental, se están relacionando irremediablemente con su propia idea de relación, idea a la que regresan una y otra vez.

Para un cerebro superviviente esto que acabamos de compartir se convierte en una utopía inalcanzable. Al no mirar con las gafas de la honestidad, el miedo se interpone y solo ve amenazas. A un cerebro que usamos para almacenar miedo, le exigimos a su vez que nos lleve a la supervivencia. Así es como el cerebro se especializa en percibir amenazas de las que protegerse. Por eso, por ejemplo, cuando tenemos una relación padre-hijo no solemos estar en paz en esa relación. La relación se vuelve una amenaza y afloran pensamientos como: «Si se muere mi hijo... Si no hace lo que yo digo... Si llega tarde... Si no consigue ser lo que yo pienso que tiene que llegar a ser... Si no he sido un buen padre...».

Todo eso son pensamientos que el cerebro superviviente genera para poder dar una sensación de amenaza, para que así la protección esté justificada. Ahí es cuando nos vemos protegiéndonos todo el tiempo de escenarios anticipados que son pura imaginación. Lo que imaginamos que puede llegar a suceder en un futuro pasa a ser el centro de atención en detrimento del presente. La protección ante esa sensación de amenaza futura casi constante nos impide darnos cuenta de la unidad presente que hay entre esos dos seres. Del amor que habita en y entre ellos.

CONVERSACIÓN 6

Dolly y la mujer de Hulk

Escuchando cómo piensa el universo

SERGI: En una ocasión fuimos al aeropuerto a dar la bienvenida a mis cuñados, que regresaban de un viaje a la República Dominicana. En el momento en el que los tuve delante a los dos, felizmente cogidos de la mano y bien morenos de piel, tuve una experiencia desconcertante. De forma espontánea mi mente centró toda su atención en ese instante presente. Es como si nada más distrajera a la mente, como si no existiera nada más que atender.

Vi algo muy loco, David. El moreno de su piel no era causado por su reciente pasado vacacional. De hecho, no habían ido a ninguna parte. Estaban allí, solo allí. Supe que estaban apareciendo en mi consciencia en ese mismo momento, y supe también que el moreno de su piel estaba causado en ese mismo instante por el pensamiento «He ido a República Dominicana y he tomado el sol». Vi con desconcertante claridad la relación intrínseca e invisible entre el pensamiento y su efecto físico. Pero comprendí cómo sucede.

¿Existirá una parte de nuestra mente aún por descubrir desde la que manifestamos nuestra experiencia física a través de nuestras ideas acerca de nosotros mismos? ¿Será que si alcanzamos esa parte profunda de nuestra conciencia podremos cambiar ciertas características físicas de nuestro cuerpo a voluntad, como hacen algunos animales como los pulpos?

DAVID: Mi cerebro tiene una idea. Aviso: es una auténtica locura. Nos bronceamos porque en la epidermis viven unas células con superpoderes capaces de liberar un escudo de melanina —al más puro estilo del Capitán América—, para protegernos de la malvada radiación ultravioleta procedente del espacio. Al menos eso me enseñaron en la universidad.

¿Y quién puso ahí esas células? Todas y cada una de los cincuenta billones de células que llamamos David o cuñado de Sergi provienen de la misma célula madre original: el cigoto. Cuando empieza a dividirse, una célula puede dar lugar a una hija idéntica a ella misma —«Igualico que el difunto de su agüelico», que diría mi madre—, o bien especializarse y convertirse en una de los más de doscientos tipos de células diferentes que existen en un organismo humano.* Nuestro linaje celular es casi tan enrevesado como los Buendía de *Cien años de soledad*.

Del mismo modo que ocurre con las personas, una célula puede ir a la Facultad de Arquitectura y convertirse en hueso, o a la academia de estética para llegar a ser una célula de la piel. ¿Y de qué manera se lleva a cabo este proceso de especialización de la célula? Expresando y reprimiendo ciertos genes. Un peluquero —célula especializada— utiliza —expresa— un secador y no usa —reprime— un casco de obra. ¡Muy fuerte! En el año 2006 aprendimos a reprogramar linajes celulares en el laboratorio modificando factores de expresión y represión genética.[1] Resulta

* Para los lectores del otro lado del charco, «Igualico que el difunto de su agüelico» es una expresión viejuna que viene a significar «idéntico a su abuelo».

que, entre todos los aspectos conocidos que influyen en el proceso de expresión y especialización de una célula, se encuentra el sistema de pensamiento. Aquí es donde la idea «Estamos morenos debido al tiempo que hemos tomado el sol» puede guardar relación con el bronceado de tus cuñados.

Un sistema de pensamiento es un conjunto de propuestas neuronales que usamos frecuentemente. Sabemos que existe una relación entre el sistema de pensamiento y la expresión de los genes,[2] sabemos que existe una relación entre el sistema de pensamiento y el grupo sanguíneo,[3] sabemos que existe una relación entre el sistema de pensamiento y el sistema inmunitario a través de las emociones.[4] ¿Y si nuestro sistema de pensamiento estuviera relacionado también con la especialización de las células?

De buenas a primeras no suena tan descabellado, pero aceptar esta idea conllevaría una auténtica revolución en la biología actual. ¿Por qué? Porque significaría que la diferenciación celular, es decir, la decisión de mis células de ser peluqueras o arquitectas se lleva a cabo a tiempo real. Significaría que existe «algo» en un organismo que le dice a cada célula cómo tiene que ser para satisfacer a un sistema de pensamiento en cada momento de tu vida. Y ese «algo» no tiene por qué ser exclusivamente un gen. Significaría que una célula siempre es célula madre y adopta una forma concreta para satisfacer, entre otras cosas, a un sistema de creencias. ¡Esta idea tiene más peligro que Bruce Lee en una clase de aeróbic! (Risas.)

¡¿Y esto es científicamente posible?! El caso de *Dolly*, la oveja más conocida del mundo por ser el primer mamífero clonado a partir de una célula especializada, nos demuestra que sí. Potencialmente es posible. ¿Te apetece clonar mentalmente una oveja?

SERGI: ¡Venga! (Carcajadas.)

DAVID: Lo primero es conseguir un óvulo de oveja, quitarle el núcleo y dejarlo a buen recaudo en una nevera especial. Tranquilo. La célula no morirá al extraerle su núcleo. Continuará vivita y coleando porque el cerebro de la célula no es el núcleo, sino la membrana. Luego buscamos una célula especializada de oveja, por ejemplo de una ubre, extraemos también su núcleo y lo ponemos dentro del óvulo que habíamos reservado en la nevera para dejarlo, como quien no quiere la cosa, en el útero de una oveja. En el ambiente académico hablamos de «transferencia nuclear de células somáticas».[5] Más recientemente, un grupo de científicos de la Universidad de Kioto lograron convertir células de la piel especializadas en células madre modificando cuatro genes: Oct./4, Sox2, Klf4 y c-Myc.[6] El año pasado, 2018, conseguimos clonar macacos.[7]

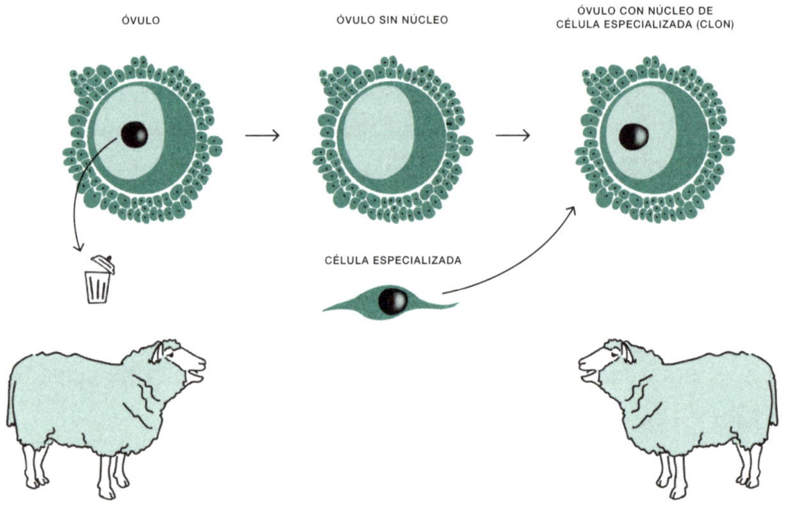

La imagen ilustra el método «probeta» seguido por los científicos para concebir a nuestra querida *Dolly*. El hecho de que el núcleo de una célula especializada «olvide» su función y pueda convertirse potencialmente en cualquier otro tipo de célula…, ¿podría proporcionar un nuevo modelo para explicar el bronceado del cuñado de Sergi? ¡Tachán!

En resumidas cuentas, solo hemos intercambiado los núcleos de las células. La «magia» surge cuando ponemos el núcleo de la célula especializada —ubre o peluquera— dentro del óvulo vacío —célula madre embrionaria—. De repente, la célula «olvida» que fue a la academia de peluquería y se transforma en una célula madre capaz de ser cualquier cosa. Incluso podría ser una célula del corazón si se lo propone. La pregunta es: ¿qué es ese «algo» que borra su memoria? Aunque probablemente se trate de un cóctel de señales químicas, a día de hoy, no tenemos la más remota idea.

Imagina que las células de la piel de tu cuñado tuvieran ese mismo potencial. Imagina una biología del presente donde la expresión genética se lleva a cabo a tiempo real. Imagina un organismo en el que sus células deciden qué ser en cada aquí y ahora para satisfacer una creencia. Sería una biología capaz de explicar cómo influye el pensamiento «Estoy moreno porque tomé el sol en la República Dominicana» en el color de la piel de tus cuñados. El bronceado se construiría a tiempo real con la misma naturalidad que una emoción, un sabor o el tiempo. Desde esta biología del presente imaginada, las neuronas, las células madre y los genes se convertirían en el genio de la lámpara, tu sistema de creencias, en la mano que frota esa lámpara, y el deseo cumplido, en la realidad que experimentas.

Soy consciente de que esta idea puede herir algún corazoncito. Para nada es esa la intención. Si sientes rabia, por decir algo, al leer esto o tu cerebro propone pensamientos del tipo «¡Pseudociencia!» o «Pamplinas» ante una nueva posibilidad, este párrafo es para ti. Cuando un cerebro identifica una idea que pone en jaque mate a su sistema de pensamiento —sea o no cierta—, automáticamente pone en marcha una serie de mecanismos de defensa para tratar de mantener la coherencia. Esa «rabia» es fruto de estos mecanismos y, al mismo tiempo, es un indicador que te ofrece la oportunidad de revolucionar tu sistema de pensamiento. Si vives esa situación de rabia siendo consciente de cómo funciona tu mente y tu organismo, probablemente te hallarás en el siguiente dilema: o luchas contra esa idea, o desmontas tu sistema de creencias. Una decisión te lleva de vuelta a tu sistema de creencias mientras que la otra te libera de él. Ahí descubres que lo importante no es si la idea es cierta o falsa; lo importante es que te brinda la oportunidad de deshacerte de todo un sistema de creencias si así lo deseas.

Sergi: Desde la perspectiva que planteas, nuestros genes y las células madre podrían llegar a ser una especie de puerta entre el mundo de las ideas y el mundo de la materia orgánica. Podrían ser los traductores de la voluntad de la consciencia individual a su forma física. De manera que a medida que la consciencia individual de una persona fuese incrementándose, podría llegar a descubrir su capacidad de expresar físicamente su profunda voluntad. Quizá, llegar a ese espacio desconocido de nuestra consciencia podría resolver la posibilidad de que nuestro cuerpo enferme. Solo la posibilidad, sin más, ya es fascinante.

Si me permites, ya que estoy embriagado por esta fascinación, voy a ser más loco aún. Imagina que lo que estamos exponiendo ahora fuese tal y como lo hemos expuesto. Imagina ahora que tomamos la concepción que tenemos hoy en día acerca del ser humano y conseguimos liberarla de sus pensamientos «límite». Pensamientos como por ejemplo: «No me puedo curar de esta enfermedad», «Es imposible dejar de envejecer» o «Es imposible volar». De nuevo, si lo que exponemos es tal y como lo exponemos, al estar libres de esos límites nuestro cuerpo terminaría respondiendo a nuestra voluntad. El organismo a través de sus claves genéticas aún no despiertas o no expresadas físicamente conseguiría adaptarse o, mejor dicho, transformarse.

Nosotros no sabemos si dentro de treinta y cinco mil años el ser humano va a poder volar con su propio cuerpo. No sabemos si la evolución de su cerebro, de su conciencia, de su biología, le va a llevar a desarrollar un «algo» que pueda contrarrestar la fuerza de la gravedad permitiéndole volar. No lo sabemos. Solo sabemos que ahora no podemos. Eso significa que si la posibilidad existe, puede que yo no esté levitando ahora mismo debido a la creencia «No puedo volar».

Cuando intentas volar, lo primero con que te encuentras es que sabes que no puedes. No obstante, nunca has examinado esa certeza como una posibilidad porque no se valora la posibilidad de volar dentro de treinta y cinco mil años como una posibilidad real. Si empiezas a asumir lo que estamos viendo, la conciencia empieza a abrirse, a desarrollarse, a demandar al código genético y a las células madre unas ideas completamente distintas.

Hay una excepción. Podríamos pensar que los bebés deberían poder volar porque no tienen creencias. Sin embargo, hay un tipo de creencias que no son intelectuales, que las hemos llevado a un nivel celular. Es otra cuestión que está por investigar: ¿qué es la mente de las células? Los seres humanos heredamos una serie de creencias y las transmitimos de unos a otros —sobre todo de la madre al hijo a través de la gestación—. Estas creencias le están diciendo cómo es la vida, cómo son las cosas aquí y qué cuerpo necesita para vivir humanamente aquí.

Te cuento un ejemplo. El 4 de agosto de 2005, leí en las noticias de la BBC NEWS el siguiente titular: «Una mujer levanta un peso veinte veces mayor al de su cuerpo». Kyla Smith iba con un amigo Jonathon Connor en su coche. Kyla perdió el control de su vehículo y después de golpear una pila de ladrillos volcó. Kyla, de veintitrés años, levantó el vehículo para que Jonathon pudiera sacar la pierna que se le había quedado atrapada debajo del vehículo, sin saber que ella tenía una vértebra lesionada.

David: ¡Es la mujer de Hulk! ¿Era verde? (Risas.)

Sergi: No hubo pensamientos límite interfiriendo. Su cuerpo manifestó una capacidad que, bajo su punto de vista acerca de lo que es normal, no podía ser posible. Alguien, de forma muy coherente, pensará: «¡Esto es estúpido! Si me tiro de un edificio y me digo a mí mismo que vuele, ¡no voy a volar!». ¡Claro que no volarás! Y si lo que hemos expuesto aquí es verdad, no volarás porque estarás pensado «Voy a volar» desde una parte muy superficial de tu mente. Una mente, además, dominada por los pensamientos «Yo no puedo volar», «Los seres humanos no vuelan», «Si vuelo tendré que cuestionar todo lo conocido y me volveré loco», etc. Quién sabe cuán profunda es nuestra mente inconsciente, en la que viven los pensamientos tácitos, aquellos pensamientos que no pueden ser cuestionados por nuestra mente consciente porque no los usamos para pensar, sino para constituir nuestra identidad.

Intentar volar para conseguirlo es estúpido, pero puede ser liberador si lo haces para ver los pensamientos que obligan a tu mente a pensar de una forma rígida y prefijada. Los pensamientos que excluyen posibilidades tienen que ser estrechos y muy limitados por naturaleza para no incluir posibilidades que pueden resultar opuestas a dicho pensamiento. Esto aniquila nuevas posibilidades, nuevas conjugaciones neuronales en nuestro cerebro. Curiosamente, a la posibilidad de acabar con las posibilidades la convertimos en un hecho. Nos hemos convertido en una mera respuesta a un sistema de creencias.

David: ¡Totalmente! Existe una agrupación de neuronas —concretamente en el giro angular derecho— que producen la sensación de volar cuando se estimula con señales eléctricas.[8] De algún modo, un sistema de creencias puede verse también como un conjunto de señales eléctricas que estimulan ciertas áreas cerebrales una y otra vez. Me pregunto si no serán estas mismas neuronas las que dan indicaciones a mis células, las que les dicen cómo han de ser y qué configuración deben adoptar para que yo experimente el pensamiento «No puedo levitar». Me pregunto si existe otro grupo de neuronas que configuren las células de la piel para poder experimentar la creencia «El sol pone moreno», igual que ocurre cuando usas un pensamiento del tipo «Te amo» o «Te odio», donde el organismo adquiere la configuración necesaria para que puedas experimentar ese «amor» y ese «odio» en forma de emoción.

SERGI: Uno parece un loco cuando piensa una idea que no encaja en las creencias establecidas por la época, pero no es una cuestión de la época, sino de la creencia que se tiene en cada época. Es la creencia la que termina definiendo el contexto temporal. Y lo hace porque nosotros se lo pedimos al creer en ella. ¡Brutal! Ahora imagínate si todos los seres humanos de la actualidad, que vivimos sometidos a nuestras creencias, empezamos a desatar nuestra mente y a enfocarla hacia la presencia presente; despiertos a esa presencia que conoce la Inteligencia que lo maneja todo en unidad. ¡Escucharíamos cómo piensa el Universo! ¡Tremendo!

CONVERSACIÓN 7

Anticuerpos para no sentir

Cómo alinear tu comportamiento con la forma de funcionar de la mente, el organismo y el universo

SERGI: Estamos aquí charlando en una casita cerca de Camprodón. Es una zona de montaña en la provincia de Girona, y acaba de empezar a nevar. Hace un momento he ido al garaje a coger algo que había olvidado en el coche. Al entrar en el garaje y encontrar un montón de leña cortada, cruza por mi mente el pensamiento: «Podrías coger un poco de leña y llevártela a casa». En ese momento, he podido observar cómo ese pensamiento en sí mismo no significa nada. El pensamiento, en realidad, no me está pidiendo que coja leña, aunque, si yo me identifico con él, me sentiré invitado a cogerla, incluso llegaré a sentir que la necesito.

Al identificarme con este pensamiento, estoy tomando una serie de decisiones inconscientes. Una de ellas es decidir que soy una persona escasa. Ante el pensamiento «Podrías coger un poco de leña y llevártela a casa» yo añado el contexto «Soy escaso, necesito la leña». Curiosamente esta decisión va a establecer un universo de escasez para mí, dentro del cual, pensamientos como «Podrías coger un poco de leña y llevártela a casa» van a criarse como truchas en una piscifactoría. «Soy escaso» es una decisión inconsciente que genera un contexto mental. Un caldo de cultivo perfecto para criar necesidades que uno termina necesitando satisfacer con la intención de no sentir la escasez que, inconscientemente, has decidido sentir. Loquísimo, ¿verdad?

Si termino llenando el maletero del coche con cien kilos de esa seductora leña que no me pertenece, lo habré llenado en realidad de cien quilos de escasez. Un simple pensamiento desatendido se convierte, sin yo percatarme de nada, en un establecedor de realidad. Solemos pensar que cuando pienso «Tengo sed» y vamos a beber agua, estamos atendiendo al pensamiento «Tengo sed». En realidad, atender a un pensamiento consiste en situar el foco de atención sobre él y no sobre la acción. Esto tan obvio no suele percibirse. Con la acción tratamos de anestesiar la necesidad base que ha generado dicho pensamiento. Algunos de ellos sí pueden llegar a tener sentido, como «Tengo sed, voy a beber agua», pero veremos que la gran mayoría, si los atendemos, carecen de coherencia.

Situar la atención en el pensamiento ayuda a no reaccionar a ciegas ante él. Hacer esto permite que las acciones resultantes de nuestros pensamientos sean fruto de devolvernos la atención hacia nosotros. Estas acciones suelen ser mucho más atinadas debido a su coherencia interna. Reaccionar ciegamente ante los pensamientos fomenta una mentalidad superviviente. Atenderlos, en cambio, fomenta una mentalidad presente. Tanto dentro de la mentalidad superviviente como de la presente, estamos tomando la decisión de aquello que queremos ver y de cómo queremos que sea nuestro mundo a cada instante. Sin embargo, desde la mentalidad presente, esta decisión es consciente, y lo que la hace consciente es la honestidad. Visto todo esto, ya solo nos queda hablar de la honestidad como lo que en realidad es: la herramienta clave que nos permite pasar de una mentalidad superviviente a una mentalidad presente.

Estamos acostumbrados a entender la honestidad desde su vertiente más superficial —como contar una verdad a otra persona—, pero el poder de la honestidad reside en su aspecto más íntimo. Cuando usamos la honestidad como si fuera una linterna para iluminar nuestro mundo inconsciente, despliega todo su potencial. Es por eso por lo que la honestidad, en su versión profunda, está relacionada con la visión. Para ser honesto tienes que ver, y para ver tienes que mirar; honestidad y visión van de la mano. Si yo no miro el pensamiento que cruza mi mente, no lo veré. Si no veo el pensamiento «Sergi, llévate tanta leña como puedas», no puedo hacer uso de mi libertad y pasar por alto ese pensamiento. Si estoy identificado completamente con mi pensamiento, no lo veré. Pensaré que yo estoy pensando eso y que eso me define a mí, que las cosas son tal y como yo las pienso. Visto así, tanto ser consciente como la mentalidad presente son libertad en esencia. No solo la libertad de coger o no coger la leña, sino también la libertad de elegir que mis pensamientos no me definan. Por otro lado, la inconsciencia y la mentalidad superviviente nos encierran dentro de patrones de pensamientos personales, impidiendo tomar nuevas decisiones. La acción de coger la leña se convierte así en una reacción ante el pensamiento. Lo único que hace la honestidad es ayudarnos a ver que actuamos a partir de patrones hechos de pensamientos y creencias, generando así nuestro propio mundo mental.

Gracias a la honestidad soy libre de no necesitar coger leña debido a no necesitar creerme al pensamiento «Sergi, coge leña». La honestidad me permite ver que coger leña no es coherente. Y no por el hecho de que coger la leña de otro sea robar, sino porque el pensamiento que detona la acción no es verdad. Usar un pensamiento falso para definirme a mí mismo no es coherente. Es incoherente. La honestidad nos permite usar la consciencia, y ser conscientes tanto de la leña como del pensamiento; incluso puedo ser consciente de la escasez resultante. Pero si sigo usando la honestidad veré también que esa escasez no me define. Me gustaría saber adónde te lleva a ti todo esto, David.

DAVID: Me lleva a darme cuenta de que no es lo mismo vivir la vida que vivir la vida siendo conscientes de cómo funcionan nuestra mente y nuestro organismo. Si queremos ser buenos padres o buenas parejas, si pretendemos ser felices o alcanzar el éxito económico o espiritual, vamos a tener que hacerlo con la mente y con el organismo que cada uno tenemos. ¡Y no sabemos cómo funciona! Darse cuenta de esto es, sin duda, uno de los mayores gestos de honestidad que he conocido.

En el apasionante viaje de aprender cómo funcionamos y cómo somos, lo primero que descubres es que tú no piensas. Piensa tu cerebro. El cerebro bombea pensamientos con la misma naturalidad que el corazón bombea sangre o los pulmones aire. Por ponerle nariz y boca. Tú has entrado en el garaje y tu intérprete, un módulo neuronal que se encuentra principalmente en el hemisferio izquierdo del cerebro,[1] te ha propuesto el pensamiento: «Sergi, coge leña y llévatela pa' casa». Sin embargo, yo he entrado en el mismo garaje que tú y mi intérprete me ha propuesto una cosa diferente: «Frío no vamos a pasar». ¡¿No te parece increíble?! La leña nos está enseñando cómo funciona la mente humana. Nos está enseñando que aquello que pensamos no procede del estímulo externo porque, si aquello que pensamos procediera de la leña, tanto tú como yo deberíamos haber pensado lo mismo al entrar en el garaje. ¡Y no fue así!

Entonces ¿de dónde proceden las cosas que pensamos? ¿Cuál es la génesis del pensamiento? Una vez que tu cerebro detecta el estímulo «montón de leña», tu intérprete se pone manos a la obra. Cualquier pensamiento se rige por unas premisas básicas: base genética —recuerda que todos somos en un 99,9 % genéticamente idénticos—, experiencias pasadas y expectativas de futuro. A partir de estas tres premisas, tu cerebro propone un pensamiento en cada situación de vida. La posibilidad de revolucionar nuestro día a día está delante de nuestras narices, en cada pensamiento que nos propone el intérprete. ¿Cómo? Dejando de ver un pensamiento como un hecho y reconociendo que se trata de una propuesta neuronal, una predicción cerebral que puedes decidir usar o no. ¡Esto es muy gordo, Sergi!

Ahora volvamos a entrar en el garaje sabiendo cómo funcionan nuestra mente y nuestro organismo. El cerebro percibe el montón de leña y nos propone el pensamiento «Llévatela a casa». Aparentemente la situación es exactamente la misma, pero algo ha cambiado: somos 100 % conscientes de que «Llévate la leña» es una propuesta neuronal que podemos usar o no. En ningún momento nos define. Solo es una propuesta.

Tomar consciencia de cómo funcionamos y cómo somos nos hace libres porque nos devuelve la posibilidad de elegir. ¡Ya no somos víctimas! Tampoco malas personas por pensar esto o lo otro. Lo que antes era culpa muta en responsabilidad. La relación con tus pensamientos se vuelve pacífica en tanto en cuanto reconoces su condición de propuesta. Ese reconocimiento alinea tu comportamiento con la forma de funcionar de tu mente, de tu organismo y del universo. Acaba de iniciarse una revolución silenciosa. Cada episodio de sufrimiento que has experimentado en tu vida tuvo una cosa en común: tu comportamiento no estaba alineado con la forma de funcionar de tu mente y tu organismo. Al tomar consciencia de esto, comienzas a afinarte en el tono de la vida. La culpa y el sufrimiento, tal cual los conocemos actualmente, empiezan a mutar también.

Sergi: ¡Gracias, David! Volvemos entonces a la esencia. El sufrimiento, el dolor y el miedo son estímulos que están tratando de enseñarnos que el uso que estamos haciendo de nuestra conciencia no es coherente. Son marcadores que están tratando de mostrarnos que hay otro uso de la conciencia que hemos olvidado por completo. Por eso todas las situaciones de nuestro día a día, aparte de estar diseñadas por nuestra mente, pueden llegar a tener una calidad intensa llamada incomodidad. Por más que un cerebro tienda al presente apetecible, la realidad nos va a mostrar el lado incómodo de las cosas, su lado «no apetecible», porque es la única forma que tiene de reclamar nuestra atención para regresar a ese espacio de «preconciencia humana».

(Breve silencio. Se oye correr agua.)

Estaba mirando qué es lo que hace que nos cueste tanto salir de nuestros propios patrones mentales. En primer lugar, nosotros somos sus arquitectos. En segundo lugar, el mero hecho de ser conscientes del patrón nos sacaría del patrón. Al ver estas dos opciones tan simples, me he dado cuenta de que existen dos factores más en la ecuación que actúan impidiendo la deseada libertad. El primero es la voluntad inconsciente de querer «seguir siendo yo». El segundo es que se requiere de energía para salir de un patrón.

El hecho de querer seguir siendo yo mantiene estable el patrón personal que lo hace posible. Y si además entrego mi poder a lo externo, como por ejemplo creyendo que lo que siento y pienso al ver la leña lo está generando la leña, entonces estoy entregando mi energía al mundo exterior. Esto sucede al desplazar la causa de mi experiencia afuera. Pero la leña no es la que hace que yo piense. Soy yo quien lo está pensando.

Para poder ser consciente del patrón y salir de él necesito un mínimo de energía. Para recuperarla, necesito darme cuenta de que yo soy la causa de mi propia experiencia presente, porque es ahí donde está la fuente de la conciencia. Es decir, necesito darme cuenta de que la energía creadora del pensamiento «Recoge la leña, Sergi» no procede de la leña, sino de la conciencia. Y entramos así en el maravilloso mundo de la decisión. Soy yo quien decide desprenderse de la energía situando la atención en la leña, en mi pensamiento o en la acción de coger la leña, y no en la conciencia.

DAVID: ¡Así es! Además, la energía creadora del pensamiento es la misma energía que da vida a tus emociones, a tus acciones y a cada resultado que obtienes en tu vida. Un pensamiento, desde un punto de vista cerebral, es una energía electroquímica que callejea por tus redes neuronales. Cuando ponemos la atención sobre un pensamiento, el cerebro empieza a comportarse como una glándula maestra. Es decir, inicia un proceso de traducción de esa energía electroquímica que llamamos «pensamiento» a una energía química que el resto de células de tu cuerpo son capaces de entender. Para el pescadero de la esquina, estos cambios químicos son «sensaciones» o «emociones» —las emociones son sensaciones categorizadas y conceptualizadas—. Para los científicos son hormonas, neuropéptidos y alteraciones corporales, pero en realidad es la misma idea. Una vez que la emoción se ha constituido nos empuja a actuar, y esa acción trae consigo unos resultados, una situación de vida concreta.

Volvamos de nuevo al garaje y a la leña. Nada más recibir el estímulo «montón de leña» tu cerebro propone el pensamiento «Me la voy a llevar to'a». La conversión de energía electroquímica a química comienza en cuanto prestas atención continuada al pensamiento. En un par de segundos darás la bienvenida a las sensaciones corporales y a la emoción. Cuando la atención se proyecta al exterior, es decir, cuando creo que aquello que siento procede de la leña, la probabilidad de que esa emoción se convierta en acción se dispara —algo que hacemos el 80 % del tiempo cuando desconocemos cómo funcionan nuestra mente y nuestro organismo.

Entonces empiezas a cargar leña en el maletero del coche. El movimiento de tu cuerpo, esa energía cinética que utilizas para desplazar la leña del montón al maletero, es la misma energía que utiliza tu organismo para generar la emoción y, al mismo tiempo, es la misma energía creadora del pensamiento. Pero aún hay más. El resultado, es decir, la energía térmica que provoca la madera al combustionar en la chimenea de tu casa, es la misma energía que usaste para cargar la leña en el coche —la misma energía que dio vida a la emoción y también al pensamiento—, pero manifestada de diferente forma. Resultado y pensamiento son la misma cosa. Se cumple el principio de conservación de energía: la energía ni se crea ni se destruye, se transforma.

Actualmente, las personas no vemos que cuando el intérprete nos propone pensamientos, como puede ser «Llévate un poquito de leña» o «Mi pareja no valora nada de lo que hago en casa», aquello que sentimos no procede de la leña o de mi pareja. ¿Por qué? Acabamos de vivirlo en nuestras carnes al entrar en el garaje y ver la madera. Mientras tu intérprete propuso el pensamiento «Llévate leña a casa, Sergi» y sentiste una sensación mezquina al prestarle atención, el mío propuso «No vamos a pasar frío» y sentí tranquilidad. Si aquello que sentimos procede de la situación, de nuevo, los dos deberíamos haber sentido lo mismo al ver el montón de leña. ¡Sin embargo no ocurrió así! Y no ocurrió así porque aquello que sentimos no procede de las personas, los lugares, los animales y las cosas, sino de las ideas que nuestro cerebro asocia a las personas, lugares, animales o cosas. Te presento «la regla del PLAC». PLAC es el acrónimo de Persona, Lugar, Animal o Cosa. Aplicar la regla del PLAC a nuestro día a día es un pequeño paso para el hombre, pero un gran salto para la humanidad.

SERGI: Es la parábola de la serpiente. Imagina que ahora mismo hay una serpiente muy venenosa debajo de tu silla y tú estás tranquilamente hablando conmigo porque no eres consciente de ello. Tu tranquilidad indica que la serpiente, por el mero hecho de estar debajo de tu silla, no está causando nada en ti. Sin embargo, en el momento en el que la ves, sí sientes miedo y puedes llegar a sentirte amenazado. Es muy probable que creas que tu miedo o incluso la situación de amenaza son debidas a la serpiente, cuando la serpiente lleva media hora debajo de tu silla. Por lo tanto, la serpiente no puede ser la causa de tu angustia ni de tu sentimiento de amenaza, porque deberías haberla sentido desde el mismo momento en que se puso debajo de tu silla. Entonces, la leña no es la responsable de nada en relación a mí. El pensamiento es el responsable de la experiencia de todo lo que uno siente. ¿Y qué o quién es responsable de ese pensamiento?

DAVID: ¡Vamos a descubrirlo! ¿Qué ocurre si te lesionas un codo y te lo inmovilizan durante cuarenta días? Nadie mejor que un fisioterapeuta para responder a esta pregunta.

SERGI: Explicado de forma muy resumida, la musculatura del brazo pierde masa muscular, también masa ósea, la articulación se entumece y pierde movilidad. Es como si el brazo dejara de existir para el cuerpo, porque también se debilitan las conexiones nerviosas entre el cerebro y el brazo.

DAVID: ¡Eso es! El brazo empieza a perder un 5 % de masa muscular a la semana y un 2 % de masa ósea al mes. Esto ocurre porque el organismo humano está obsesionado con el ahorro energético y se rige por la premisa de «usar o tirar». Es como si tu cuerpo pensase: «¿No usas el brazo? ¡Pues dejo de alimentarlo!», y lo abandona literalmente a su suerte. Por eso tenemos que ir a rehabilitación después de llevar la escayola, para decirle al cerebro «Oye, que era broma, que sí lo uso».

Ahora viene lo más impactante. Resulta que la premisa «usar o tirar» no solo es aplicable a un brazo o a una pierna, sino también a los pensamientos. ¿Y cómo le digo a mi cerebro que quiero «usar o tirar» un pensamiento? Y aquí es donde entra en escena la barra.

SERGI: ¡Exacto! Ahí viene la barra… (Carcajadas. Se oye el sonido de agua.)

DAVID: ¡Somos muy frikis! No podemos ir al gimnasio a hacer ejercicio como una persona normal. No. Tenemos que terminar hablando de atención y cerebros. De todos modos, tampoco me preocupa demasiado, porque alguien que lee un libro titulado *La biología del presente* muy bien muy bien tampoco está. (Risas. Pausa. Beben líquido.)

Pongo al lector en situación. Antes de ponernos a conversar por la mañana, hemos preferido ir al gimnasio a hacer un poco de ejercicio. Llevamos varios días grabando las conversaciones que dan forma a este libro, y, tanto Sergi como yo, necesitábamos mover el esqueleto para aclarar las ideas. Ya en el *gym*, mientras hacía *press banca* más a gusto que un arbusto, veo aparecer la cabeza de Sergi con movimiento tipo GIF por un lateral.

—¿Dónde estás poniendo la atención? —me pregunta a bocajarro.

En un primer momento me quedé más descolocado que un socorrista en el Sahara. Tras un par de segundos descubrí que mi atención estaba puesta sobre la barra.

—En la barra —contesté extrañado al cuadrado.

—Haz una cosa. Deja la barra y vuelve a levantarla poniendo la atención en los músculos de tu pecho en lugar de en la barra.

Dejé la barra —qué remedio—. Hice los ajustes mentales para redirigir la atención a los músculos pectorales, y, cuando la volvía a cargar, el peso de la barra se incrementó al doble. Devolví la barra al soporte y miré los discos convencido de que Sergi había hecho la gracia y había añadido más peso. ¡No! ¡Era el mismo peso! Estuve en *shock* unos segundos. ¿Qué estaba pasando? Era como si no solo mis músculos ejercieran una fuerza sobre la barra que se oponía a la gravedad, sino también mi atención.

SERGI: Cuando empiezas a mover un objeto pesado con tu atención puesta en los músculos entras en una experiencia nueva. Los brazos, tus dedos y tus hombros se mueven de forma diferente. Nunca antes habías hecho ese gesto de la mente en relación a esta situación. Al cambiar la atención, cambia la experiencia. Es totalmente distinta. Y eso le cuesta mucho de comprender al ser humano. Alguien que te ve hacer *press de banca* desde fuera no ve el cambio de atención que tú has hecho. Solo ve que ya no sabes hacer algo que has hecho siempre y no sabe por qué. Desplazar la causa del peso al objeto externo ofrece una experiencia de aparente menor peso que si la pongo en el músculo —en mi interior—, pero la energía que invierto para desplazar mi atención al objeto externo es mucho mayor. Por eso, si sitúo la atención en mis músculos, con menos peso ejercito más.

DAVID: La atención es para las personas como el mando a distancia para la televisión. Nos permite seleccionar las experiencias, elegir cómo y dónde distribuir la energía, nos permite estirar y encoger el tiempo,[2] activar la biología de la supervivencia o alinear nuestro comportamiento con la manera de funcionar del organismo. Haciendo ligeros ajustes, igual que hicimos con la barra, cualquier persona puede revolucionar su día a día. El intérprete suele rechistar con el fin de mantener la coherencia desesperadamente: «Bravo, David... ¡Muy bonito! ¡Pero hacer esto es muy complicado!». No necesariamente. Este es un ejemplo como una catedral de propuesta completamente inútil del intérprete que, al usarse, nos mantiene en la misma dinámica dolorosa que tratamos de evitar.

El cerebro entiende que un pensamiento es útil cada vez que

le prestamos una atención sostenida. Es decir, si sostenemos la atención sobre la propuesta «Llévate la leña a casa», el sistema nervioso entenderá que la propuesta es útil. Al usar un pensamiento se convierte en emoción, la emoción en acción y la acción en resultado, tal y como hemos visto anteriormente. ¿Y qué ocurre? El sistema nervioso creerá que ha dado con un pensamiento útil, y cuando vivas una situación futura similar, la probabilidad de que tu intérprete vuelva a proponer el mismo pensamiento aumenta. Es como si el sistema nervioso utilizase una gigantesca hoja de Excel para registrar los pensamientos propuestos, los usados y también los descartados. Basándose en estos parámetros, el cerebro predice cuál es el pensamiento útil más probable y espera a que le demos una respuesta.

Estamos viendo el motivo por el cual el pensamiento positivo y la gestión emocional no funcionan. Ambas estrategias nos llevarán a la frustración tarde o temprano. ¿Por qué? Muy simple: porque no están alineadas con la forma de funcionar de nuestra mente y nuestro organismo. Si tú no piensas, piensa tu cerebro... ¿Cómo vas a obligar a tu cerebro a pensar más «positivo»? ¿Acaso puedes chantajear a tu riñón para filtrar «mejor» la sangre? ¿Acaso puedes obligar a tu corazón a bombear más «positivo»?

Cada vez que tratas de hacer que tus pensamientos sean más positivos, luchas o huyes de los pensamientos «negativos» a algún nivel. Y para poder luchar o huir de un pensamiento, igual que ocurre con un león, necesitas saber su posición en el espacio, analizar sus movimientos y llevar a cabo acciones para anticiparte a sus intenciones. Si no le prestas una atención sostenida al león puede que salgas corriendo en su misma dirección, y adiós muy buenas. ¿Qué está ocurriendo en realidad? Tratando de librarte de un pensamiento le prestas una atención sostenida, y tu cerebro cree que se trata de un pensamiento útil. De ahí que, la próxima vez que vivas una situación de vida similar, tu cerebro vuelva a proponer el mismo pensamiento. Terminas frustrado. Sin entender nada. Pensando que la vida te quiere joder. ¡Qué va! Solo hay falta de entendimiento.

Lo mismo ocurre con las emociones. Las emociones no han sido diseñadas por la evolución para que yo —un ser humano con un cociente intelectual de 110 y un diploma de *coaching*— las eduque o las gestione. Las emociones están diseñadas para ser sentidas. No gestionadas. Se acabó la lucha. Las emociones son una predicción que el cerebro hace de las cosas que pensamos, sentimos y vivimos, una guía que nos aporta información muy valiosa para saber si un pensamiento es útil o no. En la visión actual de neurociencia no existen áreas cerebrales de las emociones que se activen cuando sentimos una emoción. Más bien, un pensamiento que cuenta con una atención sostenida da lugar a una predicción emocional controlada por las redes neuronales interoceptivas.

Sergi: ¡Increíble! He leído que hay estudios científicos que demuestran que hay emociones llamadas positivas que generan un estado físico positivo, y otras, las negativas, que generan un estado nocivo para la salud. En mi caso estos estudios estarían sesgados. Si miramos con honestidad y con simplicidad qué sucede cuando sentimos una emoción, veremos que hay dos posibilidades: agradable o desagradable. A partir de estas dos sensaciones clasificamos las emociones, sin darnos cuenta, en positivas y negativas. Si seguimos adentrándonos en nuestro mundo emocional veremos que ante las agradables nos abrimos a sentirlas. En cambio, ante las desagradables, nos cerramos rechazándolas. Al ser todas ellas emociones que forman parte de nosotros —tanto las agradables como las desagradables—, cada vez que rechazamos una emoción, rechazamos una parte de nosotros excluyéndola de la vida. Ese rechazo a ciertas emociones es lo que perjudica nuestro organismo y no las emociones en sí mismas.

Mi rechazo a una emoción termina originando dos cosas, el maltrato al cuerpo y la creencia de que, por ejemplo, la rabia es una emoción tóxica o negativa. La emoción de por sí no es buena ni mala. No tiene esa capacidad. De hecho, todas ellas son parte de nuestra riqueza emocional, y adentrarse en ellas nos permite descubrir nuestra esencia emocional: la conciencia. Si nos abrimos a sentir conscientemente la rabia, estaremos abriendo esa emoción a la vida. Sentir lo que sentimos cuando lo estamos sintiendo fomenta la biología del presente. Huir de una emoción como si fuera un monstruo en la oscuridad, fomenta una biología basada en la supervivencia que está totalmente fuera de lugar, ya que estaríamos tratando de protegernos de nosotros mismos. Estaríamos creando nuestros propios «anticuerpos emocionales» en contra de nosotros mismos.

David: ¡Anticuerpos para no sentir! ¡Me encanta! (Alboroto.) El modo de dejar de producir anticuerpos emocionales es alinear la forma de funcionar de nuestro organismo y nuestra conducta. Para hacerlo, solo debemos empezar a sentir las sensaciones y emociones en lugar de gestionarlas. Debemos empezar a reeducar el cerebro conscientemente y decirle al sistema nervioso qué pensamientos son útiles y cuáles no. Una vez alineados, seguiremos pensado y sintiendo cosas. ¡Claro que sí! La experiencia en sí misma no cambia demasiado. Lo que cambia drásticamente es tu relación con la experiencia. Empiezas a relacionarte de manera pacífica con tus pensamientos, con tus emociones, porque reconoces cuál es su función. Eres consciente de cómo funciona tu mente y tu organismo. Eres uno con él. Eres biología. Eres presente.

CONVERSACIÓN 8

Poniendo voz a tu honestidad

Tus emociones son únicas: no son innatas ni universales

David: Propongo un experimento. (Se oyen pasos.) Es el momento de empezar con las prácticas. Primero Sergi Torres será el tutor de David y lo acompañará a sentir una emoción. Luego David del Rosario será el tutor de Sergi y lo acompañará a reeducar su cerebro. ¿Qué te parece?

Sergi: ¡Estupendo!

David: He hecho un sorteo ante notario y empiezas tú. (Carcajadas.)

Sergi: Para acompañarte necesito algo concreto como, por ejemplo, una situación que te genere conflicto interno.

David: La semana pasada viví una situación que a mi cerebro le pareció tremendamente injusta. Era la víspera de una reunión importante. Un grupo de inversores mostró interés en una investigación en la que había trabajado durante meses y concertamos una reunión. La idea era que mi socio interviniese en primer lugar para presentar la visión de la empresa y, acto seguido, entraríamos en materia. En lugar de lo acordado, hizo el Judas Iscariote. Compartió los datos de la investigación que le había contado pocas horas antes en primera persona con algunos errores importantes. Luego me cedió el turno de palabra y se marchó. Me dejó un marrón en toda regla, vaya.* Deshice el desaguisado como pude resolviendo sus dudas a golpes de honestidad. Si hubiera tenido rayos láser lo habría desintegrado a mitad de la presentación. ¡Fuuumm! (Risas.) ¿Te sirve?

SERGI: ¡Perfecto! Ahora observa: has seleccionado esta situación porque ves un conflicto en ella. Sin embargo, a pesar de que tu mente ha elegido ahora esta situación, al exponerla haces referencia a ella como si fuera una situación pasada. En realidad, no forma parte del pasado. Estás en conflicto con ella ahora. En este instante. ¿Me acompañas? (David asiente.) Si miras cómo te mueve esta situación «ahora», verás que hay una sensación que se despierta y gana intensidad. ¿Qué estás sintiendo ahora cuando me hablas de ese escenario?

DAVID: Rabia.

SERGI: Sientes rabia. La honestidad, en esencia, lo incluye todo. No da nada por incorrecto o inapropiado. Por eso no se deja engañar. Cuando sientes la sensación de rabia, curiosamente empiezas a entrar en coherencia con tu parte más íntima por una cuestión simple y natural: estás sintiendo lo que sientes ahora. ¿Me acompañaste hasta ahí? Sentir esa rabia no es el acto más profundo al que puedes acceder, porque la rabia que sientes aún está basada en tus recuerdos, en los recuerdos que tienes acerca de la situación y en tus interpretaciones al respecto. Sin embargo, esta rabia es el sentimiento más auténtico que tienes en este momento en tu consciencia. El más presente.

Cuando tú decides devolverle la atención a lo que sientes, sitúas la atención en ti y la retiras de la situación. Esta decisión libera el contexto —un amigo ha hecho suyas las conclusiones de mi

* Apreciados lectores del otro lado del charco: un «marrón» es una situación embarazosa y desagradable.

investigación— de tus juicios, y eso te permite ser más honesto aún. Ahora, siente esa rabia. Siente tanta rabia como estés experimentado. Cuando tú haces eso, centras la atención en la sensación de rabia. Ahí te darás cuenta de que, de repente y de forma natural, el cerebro ya está desvinculando la experiencia presente de sentir rabia de tu recuerdo sobre lo que sucedió y que tú creías que era la causa de la rabia. En este instante, la rabia que sientes representa todos los recuerdos que almacenas con los que vinculaste tu emoción de rabia.

Esto hace que este instante presente vibre y se una a otros muchos instantes no resueltos de tu vida. Aquí tienes una bonita paradoja. Cuanto más centras la honestidad en una parte concreta de ti, más amplia es la visión que esta te devuelve, porque cada parte representa el todo. Así que una sola emoción completamente atendida puede llevarte a sentir tu ser completamente. Ahora siente esa rabia y dime qué sensación o emoción hay detrás de ella cuando la sientes. Cuando le das la bienvenida —honestidad— y la acoges —aceptación—, ¿qué hay ahí detrás? ¿Qué siente el David enrabiado? ¿Qué siente detrás de esa rabia? (Se oyen varias respiraciones profundas. Pausa.)

David: Tranquilidad, calma. La rabia da paso a la calma por sí sola. No haces nada especial. Es como cuando ves algo de reojo en el suelo y te da la impresión de que es una serpiente, pero, cuando lo miras con atención, resulta que es el cordón de un zapato. Lo mismo pasa con la rabia. Piensas que sientes la rabia por una situación pasada, y, cuando le prestas atención, se va desvinculando del recuerdo hasta convertirse en otra cosa.

Sergi: Esa calma es más honesta que la rabia. Es más profunda. Qué loco, ¿verdad? Parecía al principio que la rabia era la emoción lógica y honesta que encajaba con la situación «Me están robando mis conclusiones». Pero desde este nivel de profundidad ves que la tranquilidad es la emoción, que no solo es más honesta y profunda, sino que además encaja con más coherencia con la situación. De hecho, sentir rabia es una reacción temerosa —biología de la supervivencia—, y la tranquilidad es una manera de transformar una situación en otra distinta al no reaccionar como siempre lo he hecho hasta ahora —biología de la presencia.

Cuando te abres a vivir esa tranquilidad, empiezas también a vivir una experiencia que no está supeditada a tus imágenes mentales preestablecidas. La conclusión que obtenías de tus imágenes mentales, a través de las que mirabas la situación, estaba entrelazada con la rabia, y tú, en cambio, estás sintiendo ahora tranquilidad. Has decidido seguir el hilo de tus imágenes mentales sin creértelas ni reaccionar a ellas. Este es un ejercicio de confianza y honestidad. Cuando llegas a la calma, sabes que has perdonado. Perdonar no es más que asumir lo que ves para darte cuenta de que no es como lo ves. Se llama libertad.

Cuando la mente está en calma, puedes darte cuenta de que esa calma, al igual que la rabia, tampoco estaba causada por la situación. Esa calma ya no proviene de la consciencia de la supervivencia, sino de la consciencia del presente. Estás más allá de tu interpretación de la situación. Más allá de tu interpretación de David. De lo que es sentir rabia para ti. De lo que es una situación injusta y de lo que son los personajes que conforman tu escenario injusto.

Si tú no confías en la situación, batallas con ella. Lo que acabas de hacer es un movimiento mental de verticalidad propio de una mentalidad presente, pues has ido de lo que tú sientes hacia dentro, y no un movimiento de horizontalidad, algo propio de una mentalidad reactiva: de ti hacia la situación. ¿Qué dificultad solemos encontrar en este proceso hacia dentro? Seguir pensando que necesito que la situación cambie para yo sentirme tranquilo, en lugar de liberarme de todo ello como tú has hecho. Y fíjate que para liberarte no has tenido que rechazar nada. Acabas de ver cómo esta situación de incomodidad, si la vives plenamente, te lleva a la calma. (Silencio.)

David: ¡Vaya viaje! ¡Gracias, Sergi!

Sergi: ¿Continuamos con el experimento?

David: ¡Venga!

Sergi: ¡Adelante! Tu turno.

David: Vamos a aprender a convivir de manera pacífica con nuestros pensamientos en el día a día. ¿Y cómo se hace eso? Alineando nuestro comportamiento con la forma de funcionar de la mente y el organismo. ¿Qué te propone el intérprete para vivir este momento? Comparte el primer pensamiento que te venga a la mente. No importa la forma que tenga.

Sergi: «Estoy disfrutando mucho de compartir este trabajo contigo».

David: Aunque pueda parecer obvio, pregúntate: ¿me sirve este pensamiento para vivir este momento? La respuesta a la pregunta no es un argumento racional para que lo puedas comprender, sino una sensación para que la puedas sentir. ¿Qué siente Sergi cuando presta atención al pensamiento «Estoy disfrutando mucho de compartir este trabajo contigo»?

Sergi: Agradecimiento.

David: Vamos por pasos, como Jack el destripador. Al hacerte la pregunta y mirar en tu interior, vas a darte de bruces con una percepción interna, una sensación básica compuesta de dos piezas. La primera es tu sensación de bienestar o malestar. ¿Puedes sentirla?

Sergi: Sí.

David: La segunda pieza del puzle es tu nivel de activación mental, el cual te indica si estás tranquilo o excitado. ¿Puedes percibir tu nivel de activación? ¿Lo tienes?

Sergi: Lo tengo.

David: La sensación de bienestar/malestar y el nivel de activación dan forma a tu sensación básica. En el mundillo científico la sensación de bienestar o malestar se conoce como «valencia», el nivel de activación como «arousal» y la combinación de ambas es la sensación afectiva o «afecto» a secas. Tenemos la inercia de pasar por alto esa sensación básica. De conceptualizarla. De hacerla más compleja. En tu caso, por ejemplo, le has dado a la sensación básica un contexto, una categoría emocional, antes de responder «Agradecimiento». Ese movimiento conceptual aprendido son las emociones.[1]

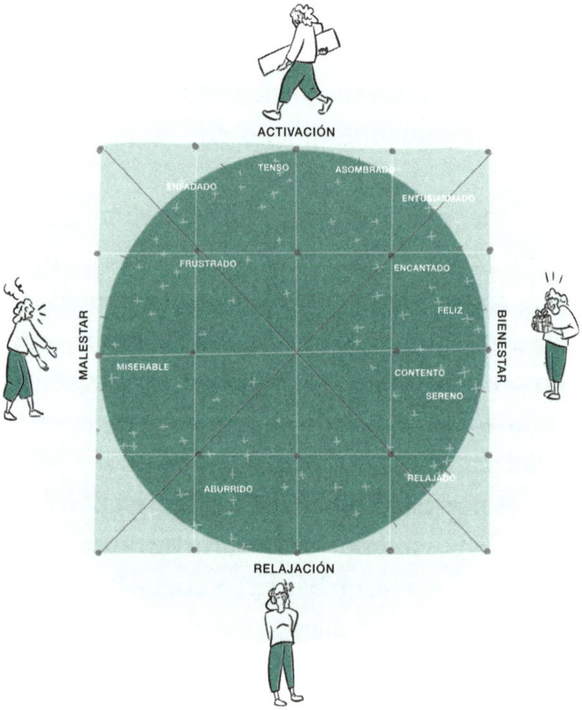

Durante toda nuestra vida y en todo momento, sentimos un afecto compuesto por una sensación de bienestar/malestar —valencia— y un nivel de activación/relajación —arousal—. De hecho, si nos olvidamos de categorizarlo y conceptualizarlo, veremos que cualquier estado emocional que experimentemos a diario se expresa en estos dos términos. El mapa de Russell nos permite verlo gráficamente.[2]

Desde hace unos años, las emociones han dejado de ser universales e innatas para la neurociencia.[3] ¡¿Qué?! ¡No puede ser! ¡Si hay cientos de experimentos que hablan de emociones básicas y hasta una película donde los protagonistas son Alegría, Tristeza, Asco, Miedo e Ira! Así de apasionante es la ciencia. Un día aparentemente normal como el de hoy, caemos en la cuenta de que el propio método de investigación guía a los participantes en la conceptualización y categorización de las sensaciones básicas, y las emociones dejan de ser universales.[4]

¿Y en qué consiste el método de investigación tradicional de las emociones básicas? Se muestra al participante una foto del rostro de un actor, una lista con nombres de emociones y se le pide que elija una sola emoción.[5] Así forzamos la respuesta y la condicionamos a las emociones de la lista únicamente. De algún modo, el mismo proceso de investigación nos enseña a reducir las sensaciones básicas a seis posibilidades y a agruparlas en categorías. Ante el escenario descrito, asociamos la emoción correcta con la imagen el 85 % de las veces. Ahora bien, si eliminamos la lista de emociones o, peor aún, mostramos dos imágenes con rostros de actores y preguntamos si se trata de la misma emoción, pasamos de acertar el 85 % de las veces a un miserable 42 %.[6]

Obviamente, si las emociones fueran universales no debería influir mucho en el resultado la forma de identificarlas. Además, para más inri, demasiados estudios han puesto de manifiesto que las emociones no son una huella dactilar.[7] Cada persona vive la emoción a su manera, igual que cada cerebro percibe el color rojo a su manera.

Ahora bien, para saber si un pensamiento es útil, no es necesario convertir la sensación básica en un concepto ni tampoco categorizarlo. A decir verdad, es un gasto de energía innecesario. Sobra, y basta con mirar la sensación básica.

El método de las emociones básicas diseñado por Paul Ekman, Silvan Tomkins y Carroll Izard consiste en mostrar una imagen del rostro de una persona y dejar que el participante escoja la palabra que mejor describe la emoción.[8] ¿Y qué problema hay? Resulta que el propio método de investigación puede instruir al participante, o, dicho de otro modo, repetir el proceso puede hacer que aprendamos a identificar y clasificar los rostros en seis categorías emocionales haciéndolas universales.

Volvamos a la pregunta anterior, pero, esta vez, no le des contexto ni concepto a la sensación básica. ¿Me sirve el pensamiento «Estoy disfrutando mucho de compartir este trabajo contigo» para vivir este momento? Dirige la atención al lugar preciso donde puedas sentirte. (Sergi sonríe.) ¡Esa sonrisa es la respuesta! Esa sonrisa te está enseñando que el pensamiento «Estoy disfrutando mucho de compartir este trabajo contigo» es un pensamiento útil para vivir este momento. Dale las gracias a tu cerebro. Tómate tu tiempo. Préstale atención. Disfrútalo.

Ten en cuenta que el hambre, el cansancio, el dolor físico o la edad influyen en la sensación básica de afecto. El caso de la edad es bastante curioso. Mientras que las personas más jóvenes prefieren usar pensamientos que generan una sensación afectiva agradable y un estado de activación elevado —sobre todo los adolescentes—, las personas mayores prefieren pensamientos con un nivel de activación bajo.

¿Puedes ver la importancia de no gestionar tus emociones? ¿Puedes ver la importancia de respetarlas tal cual son? Ellas son tu brújula. Al intentar gestionarlas perdemos el norte. La sensación básica nos informa acerca de la utilidad de las cosas que piensa nuestro cerebro. La sensación básica nos informa de cuán alineado está un pensamiento con el instante presente. No se trata de usar un pensamiento porque me conviene o porque creo que me hará sentir lo que yo quiero en un futuro. No. La propuesta es un cambio radical de paradigma: dejar de ver los pensamientos en función de si son verdad o mentira y comenzar a verlos según su utilidad en este momento. Y, para ello, tengo que atender únicamente a mi sensación básica.

Volvamos a la práctica. Dame otro pensamiento.

Sergi: «Espero que el lector esté disfrutando del libro».

David: Ahora pregúntate, pregúntale a Sergi: ¿me sirve el pensamiento «Espero que el lector esté disfrutando del libro» para vivir este momento? Recuerda que la respuesta no viene dada en forma de palabras del tipo «No me sirve porque me hará sufrir» para ser comprendida racionalmente, sino en forma de sensación para que la puedas sentir. (Silencio.) ¿Puedes notar cómo ni siquiera importa la respuesta? La propia pregunta te libera porque devuelve la condición de propuesta a ese pensamiento. Al preguntarte si es útil o no, reconoces que un pensamiento es una propuesta neuronal. Ahí deja de controlarte. Al mismo tiempo, la pregunta te lleva a reconocer que aquello que sientes proviene de ese pensamiento. La sensación se conecta con su origen, el pensamiento. Ahí dejamos de proyectar hacia fuera, y la necesidad de reaccionar para cambiar cualquier escenario externo pierde el sentido.

Preguntándonos «¿Me sirve este pensamiento para vivir este momento?» y buscando la sensación básica, la atención se dirige del pensamiento al sentir. Solo desde el sentir básico podemos ver su utilidad. ¿Es útil? Disfrútalo, úsalo, préstale atención. ¿No lo es? Deja de concederle atención al pensamiento. No inviertas ni un ápice de energía en una construcción mental inútil. Sin atención sostenida, tu cerebro interpreta el pensamiento como una propuesta inútil y lo tira. Al tirarlo, la probabilidad de que sea propuesto en una situación futura similar disminuye. Aplicar la premisa «usar o tirar» al día a día nos permite reeducar el cerebro de forma consciente.

Las recetas y los métodos nacen con fecha de caducidad. Cualquier receta se autodestruirá igual que los mensajes secretos que recibía el inspector Gadget una vez leídos. De todos modos, a veces resultan útiles para dar los primeros pasos. Lo importante es que cada persona encuentre su propia forma, su propio método, y nunca transfiera al método o a otra persona su potencial —aunque el método sea de Eckhart Tolle, Beyoncé, Sergi Torres, Einstein, Cristiano Ronaldo o David del Rosario.

Nos encontramos estacionados en un mirador mental desde donde podemos deleitarnos con una panorámica de nuestro sistema de pensamiento. Todavía podemos ir más allá. ¿Quieres llegar a la raíz del asunto? (Sergi asiente.) Estamos a una pregunta de distancia: ¿estás dispuesto a incluir la posibilidad de que el lector no esté disfrutando con este libro dentro de la felicidad? ¿Estás dispuesto a incluir la posibilidad de que este libro sea una mierda como una posible situación feliz?

SERGI: No.

DAVID: ¡No! ¡¿Quién en su sano juicio iba a estarlo?! Esa indisposición es el origen del sufrimiento invisible, la forma de sufrimiento más común entre las personas sanas con sus necesidades básicas cubiertas. Cada vez que excluimos una posible situación de la felicidad, cada vez que nos negamos a incluir una posibilidad como un potencial momento feliz, el cerebro superviviente la etiqueta como «amenaza». A partir de entonces, mi sistema neuronal va a tejer estrategias para intentar anticiparse y va a invertir energía con el fin de que esa posibilidad nunca ocurra —sin éxito, claro, porque se trata de una imaginación.

Pocas estrategias, por no decir ninguna, resultan útiles cuando luchas contra una imaginación. Seamos honestos. No sabemos si alguien transcribirá estas conversaciones (risa sarcástica de la transcriptora), no sabemos si llegarán a publicarse (risa sarcástica de la editora), no sabemos si gustará o si será un jarro de agua fría (¿risa sarcástica del lector?). Lo que sí sabemos es que estamos excluyendo la posibilidad de fracasar como un posible momento feliz, y, al excluirlo, damos vida al mismo sufrimiento del que trataremos de escapar en un presente cercano.

SERGI: ¡Uau! Gracias, David.

DAVID: A pesar de todo, la regla de «usar o tirar» no es la panacea. Solo funciona en el 85 % de los casos. ¿Y por qué no en el 100 %? Porque es una estrategia coherente únicamente con las *pensaciones* —propuestas neuronales del intérprete que dan lugar a emociones—. Pero existen otros dos tipos de pensamientos de los cuales apenas hemos hablado: las emociones enredadas y los pensamientos esenciales.

Las emociones enredadas son, en esencia, pensaciones disociadas. Me explico. Son como pollos sin cabeza donde pensamiento generador y emoción asociada pierden su conexión. Así que estás tan tranquilo lavándote los dientes y, de repente, ¡zas!, aparece sin avisar una sensación de angustia que te pone cara de Jack Nicholson en *El resplandor*. ¿Y cómo sabes que se trata de una emoción enredada? Porque eres incapaz de identificar el pensamiento generador. Por eso suelen producir desconcierto, suelen ser intensas y se confunden fácilmente con estados depresivos, porque van acompañados de ansiedad.

Habitualmente, la desconexión entre pensamiento-emoción tiene lugar durante eventos traumáticos o cuando una y otra vez nos mostramos indispuestos a vivir una misma situación de vida. ¿Y a qué se debe? Resulta que elevadas concentraciones de cortisol, fiel compañero de la biología de la supervivencia, pueden interrumpir el proceso de consolidación de la memoria llevado a cabo en el hipocampo.[9] Como consecuencia, pensamiento generador y emoción asociada firman los papeles del divorcio, quedando la emoción enredada en el campo mental.

Las emociones enredadas nos visitan en un día cualquiera el 10 % del tiempo y resultan incomodísimas. Son irracionales, astutas. No hay usar o tirar que valga. En el contexto de las emociones enredadas, tu propuesta de aproximarnos a las emociones a través de la honestidad —aunque resulta muy valiosa en cualquier caso— me parece mano de santo.

Sergi: ¿Y cuál era el tercer tipo de pensamientos?

David: Son los pensamientos esenciales.

Sergi: ¿Qué función tienen en nuestras vidas los pensamientos esenciales?

David: Los pensamientos esenciales llevaron a Arquímedes a resolver el dilema de la corona, a conectar con el cerebro universal y las esferas de conocimiento. Los pensamientos esenciales son capaces de resolver los grandes enigmas de la humanidad en un pispás. El perdón, la creatividad, el agradecimiento o la aceptación son ejemplos de pensamientos esenciales: los auténticos protagonistas de la biología del presente. Su naturaleza es no lineal, se gestan en las redes neuronales involuntarias, son un bien más escaso que la sonrisa de una suegra —apenas nos visitan el 5 % del tiempo—, y están íntimamente relacionados con la confianza.

La confianza es clave. No olvidemos nunca que el miedo y la confianza utilizan las mismas redes neuronales para funcionar. En cada situación de vida, consciente o inconscientemente, elegimos confiar o tener miedo. Las personas que icen el estandarte de la supervivencia tendrán predilección por el miedo, y son propensas a disfrazar el miedo de confianza.

Hace unos días, mientras explicaba el funcionamiento de la confianza y el miedo en un evento, una mujer compartió una antigua frustración. Llevaba veinte años intentando confiar, sin éxito, en las cosas que ocurren en su vida. Se la veía bastante frustrada y abatida. Entonces le pregunté: «¿Por qué o para qué quieres confiar?». Y me contestó: «Hombre, pues para no pasarlo mal y, ya de paso, para ver si encuentro un novio de una vez». (Risas). Ahí descubrimos el pastel.

Negociamos constantemente con la vida. «Vida, yo confío en ti, sí, pero tienes que hacer que me asciendan en el trabajo, que conozca al amor de mi vida o que mi intérprete deje de proponerme este pensamiento.» ¿Y por qué hacemos eso? ¿Para qué negociamos? Negociamos porque tenemos miedo. Tenemos miedo de fracasar. Miedo de que se nos acabe el tiempo. Miedo de que termine una relación o de que nunca empiece. Tenemos miedo de que le ocurra algo malo a un ser querido o de nosotros mismos. En ese momento, la mujer comprendió que nunca había confiado realmente en su vida: tan solo había disfrazado el miedo de confianza. Aquel día, gracias a la valentía de aquella mujer, descubrimos que la confianza, de por sí, es honesta. No necesitas ningún motivo para confiar.

CONVERSACIÓN 9

Investigadores del presente

La confianza y la honestidad, grandes promotores de la presencia

SERGI: Hemos visto cómo la biología que conocemos actualmente está sujeta a un patrón mental gobernado por el espacio —visto de forma tridimensional— y el tiempo —visto de forma lineal—. Este patrón imprime una serie de leyes y de límites dentro de los cuales nace la biología de la supervivencia. De esta manera restringida de usar la biología, surge el prisma base con el que construimos nuestra realidad orgánica, a la que llamamos cuerpo. El cuerpo y su supervivencia pasan a ser objeto primero y último. En cambio, nuestro desarrollo como seres humanos se relega a un lugar muy secundario.

Mirar la existencia humana de esta manera hace que los límites de nuestras creencias no sean investigados. Al contrario. Se usan para dar forma a una manera personal de utilizar el cuerpo, la cual, a su vez, corrobora dichas creencias. El pensamiento «yo soy yo y solo yo» es el más limitante de todos. A través de este pensamiento prohibido —la fruta prohibida de los pensamientos— nos vemos desvinculados de la vida. Cuando la percepción que un individuo tiene de su cuerpo pasa a confirmar esta creencia, la creencia se convierte en una realidad. Falsa realidad, sí, pero verdadera para la persona que solo usa su cuerpo para generar su identidad, dejando de lado su consciencia transpersonal: la conciencia.

Bajo esta perspectiva falsa de la vida y de uno mismo, ningún ser humano actual puede conocer la verdad. Para poder conocerla, uno tiene que escucharla, y para escucharla, se requiere de una mente que no se diga a sí misma quién es sin antes conocerse profundamente. Solo cuando nos damos cuenta de que no somos lo que creemos ser, se abre la posibilidad de conectarnos a las esferas de conocimiento. Al conocimiento presente.

Nuestra propuesta se centra en investigar la sensación de «yo ser yo». Sin la necesidad de rechazarla. No darla por hecho. Cuando miro esta idea desde el presente, veo la sensación que yo tengo de ser yo y puedo ver con absoluta claridad que es una mera sensación. Así es como me doy cuenta de que la única prueba que tengo de que «yo soy yo» es una sensación sentida a la que califico de «yo».

Cuando siento esa sensación de «ser yo y solo yo» me pregunto quién o qué la está sintiendo. Y la respuesta a esa pregunta nunca es un concepto, sino el descubrimiento de una conciencia más amplia. Cada vez que sitúo la atención en esa amplitud, la sensación de ser yo excluido del resto se disuelve y aparece la conciencia unitaria. Si, en cambio, deposito la mirada en la imagen que tengo de mí mismo, esta no me permite ver más allá de ella. Solo se ve a sí misma, generando de esta manera la sensación de exclusión. La imagen mental que yo tengo de mí mismo oculta la conciencia unitaria.

Es muy obvio que no soy la imagen mental que yo tengo de mí mismo, sino más bien aquel o aquello que construye esa imagen. Es como cuando soñamos con nosotros mismos. El yo individual representaría el yo soñado y el yo soñador —el que está acostado durmiendo—. El soñador sería la conciencia que contiene todos los personajes unidos en el sueño. Observa que cuando estamos durmiendo y soñamos que nuestra madre nos da un abrazo, los dos personajes del sueño son pensamientos nuestros, pero, curiosamente, hay uno de esos personajes al que le llamamos «yo». A ese «yo» le pedimos que nos represente en el sueño excluyendo al otro personaje —la madre— de nuestra integridad mental. Sin embargo, todos ellos viven unidos a nosotros en nuestra cabeza. Todos están siendo soñados por nuestra mente.

De ahí que el yo individual dependa de su historia —su pasado— para diferenciarse del resto. Algunas de estas historias son directamente pesadillas y la mente se defiende de ellas. ¿Qué significa esto? Que al ser la pesadilla parte de la mente, la mente se defiende de sí misma. Esta lucha con uno mismo afecta al cuerpo. Siguiendo en el ejemplo de estar soñando, ¿cuántas veces te has despertado a media noche sudando, con el corazón acelerado o llorando, afectado por un sueño? Debido a la unidad mente-cuerpo, el cuerpo se cree aquello que uno sueña porque la mente se lo cree tal y como se lo cuenta a sí misma. ¿Será que nuestro organismo no hace más que acompañar fisiológica y biológicamente a nuestras creencias? En caso de ser así, ¿será esta la razón por la que, hoy en día, la gran mayoría de las personas aún no pueden percibir su identidad más allá de su cuerpo?

Un organismo consciente de sí mismo que nace con la idea «yo soy yo y solo yo» usa sus propios pensamientos para conformar dicha realidad aislada. Selecciona los recuerdos que le interesan para hilvanarlos y crear una realidad coherente con sus creencias. Por ejemplo, si mi cuerpo enferma a las nueve de la mañana y a las nueve de la noche ya se siente mejor, durante ese período de doce horas no siempre he estado viviendo la enfermedad. Mi consciencia no ha sido consciente durante doce horas de tener un cuerpo enfermo. En este período de tiempo, he puesto mi atención en muchas otras cosas: llamar a Javier, leer dos capítulos de ese libro, comer un poco de esa crema de verduras que tan bien cocina Laura, mirar por la ventana mientras pienso que, de haber ido a trabajar, ahora estaría en el descanso, etcétera.

Puede que estuviera acostado en la cama por estar sintiendo fiebre, jaqueca y escalofríos, pero no estaba experimentando la enfermedad todo el tiempo. A pesar de eso, cuando llegan las nueve de la noche y Laura me pregunta: «¿Cómo es que no has ido a trabajar?», le respondo: «He estado doce horas enfermo». Esto prueba que estoy seleccionando esos pequeños recuerdos en los que recuerdo haber sentido malestar, los cuales, sumados, alcanzan como mucho treinta y cinco minutos, y los convierto en doce horas de enfermedad. ¡Es muy loco! Pero lo hacemos con los catorce años de casado, con los veinte que hace que trabajo en la misma compañía y con los cinco que hace que vivo aquí. De este modo, concluimos que hace cuarenta y tres años que «yo soy yo y solo yo». De esa conclusión, nace la identidad personal y aislada.

Cuando miro desde mi presente hacia atrás, la cantidad de recuerdos que yo puedo narrar suman, como mucho, una hora y media. No más. Uso una hora y media de recuerdos para elevarla a cuarenta y tres años. Nada recordado de esa hora y media define cuarenta y dos años de vida. Aun así, le regalo ese potencial para no tener solo una hora y media de vida, para conservar en su sitio los cuarenta y tres años. Esta acción mental perpetúa, instante tras instante, la creencia de ser «yo y solo yo».

Un modelo cognitivo superviviente centrará su atención en su identidad personal exclusiva. De esa forma de usar la atención nace la importancia personal, que es el mal de todos los males del ser humano actual. El *Homo sapiens sapiens* no sabe que su insaciable intención de mejora surge de una autoimagen frustrada. Tampoco sabe que lo que en verdad busca es conocerse a sí mismo definitivamente y esto solo ocurre atreviéndose a salir fuera de su marco de referencia personal.

Este intento de mejorar, tan bien visto socialmente y basado en el modelo cognitivo de la supervivencia, se basa en la búsqueda futura de un presente mejor. De este menosprecio al presente, surge la famosa insatisfacción. Todo pensamiento que busca un resultado futuro es un pensamiento presente insatisfecho de raíz. Un pensamiento que perpetúa la biología de la supervivencia.

La pregunta es: ¿cómo se estructura un organismo consciente? ¿Cuáles son los mecanismos biológicos de un organismo que se deja pensar por los pensamientos universales? ¿Cómo experimenta la enfermedad un organismo que sabe que ninguna de sus células, ninguna de sus moléculas y ninguna de sus partículas están desvinculadas de la vida? ¿De qué manera funciona un organismo que, cuando enferma, es consciente de que no está enfermando en realidad, sino que está experimentando los efectos de un montón de ideas?

David: En la fría sala de un laboratorio no es posible estudiar la cotidianidad humana con garantías. Para poder responder a estas preguntas habría que miniaturizar el laboratorio e introducirlo en el bolsillo de las personas. De este modo, podríamos trazar un mapa mental y corporal mientras recibimos una multa de tráfico, llevamos a los niños al colegio o nos enchufamos al presente. Hace cuatro años me atreví con este gran reto. Como no disponíamos de un rayo reductor a lo Rick Moranis en *Cariño, he encogido a los niños*, usamos un teléfono móvil para miniaturizar parte del laboratorio, registrar datos y hacer un análisis estadístico a tiempo real. El resultado fue una app capaz de almacenar las cosas que pensamos y sentimos en situaciones de vida cotidianas. Si bien todavía nos queda mucho trabajo por hacer en el arte de explorar la cotidianidad humana, más de tres mil participantes ofrecieron datos sólidos que relacionan cuerpo, conciencia y salud.

	BIOLOGÍA DE LA SUPERVIVENCIA	BIOLOGÍA DEL PRESENTE
Bioquímica	Adrenalina, noradrenalina y glucocorticoides.	Oxitocina y serotonina.
Fisiología	↑ Frecuencia cardiaca, ↑ frecuencia respiratoria, ↑ tensión arterial, ↑ niveles de glucosa en sangre, ↑ temperatura, ↑ umbral sensorial, ↑ memoria a largo plazo, ↓ memoria a corto plazo.	↓ Frecuencia cardiaca, ↓ frecuencia respiratoria, ↓ tensión arterial, ↓ niveles de glucosa en sangre, ↓ temperatura, ↓ memoria a largo plazo, ↑ memoria a corto plazo.
Procesos a largo plazo	↓ sistema digestivo, ↓ crecimiento, ↓ reproducción, ↓ sistema inmunológico, ↓ regeneración celular, ↓ médico interno.	↑ sistema digestivo, ↑ crecimiento, ↑ reproducción, ↑ sistema inmunológico, ↑ regeneración celular, ↑ médico interno.
Sistema nervioso predominante	Simpático.	Parasimpático.
Principales áreas anatómicas	Hipocampo (memoria), amígdala (miedo-emociones) y corteza prefrontal (funciones ejecutivas).	Red neuronal por defecto. Corteza medial, corteza cingulada anterior (honestidad), ínsula (asocia emociones y representación de la percepción corporal), amígdala (confianza) y ganglios basales (aprendizaje).
Percepción de la realidad	Individual. Se rige por el tiempo lineal y el espacio tridimensional.	Unitaria. No lineal. Se rige por el espacio-tiempo como un todo.

	BIOLOGÍA DE LA SUPERVIVENCIA	BIOLOGÍA DEL PRESENTE
Sistema de pensamiento	Basado en el miedo. Mentalidad superviviente. Rígido con tendencia a defender ideas.	Basado en la confianza. Conoce cómo funciona su mente y organismo. Plástico. Abierto al cambio.
Tipo de pensamientos más frecuentes	Pensaciones y emociones enredadas.	Pensaciones y pensamientos esenciales.
Sistema emocional	Emociones básicas adquiridas.	Binario: miedo y amor.
Atención	Focalizada en el exterior, dividida y multitarea.	Focalizada en el interior. Atención colectiva mediante sincronía cerebral.
Salud	Mayor probabilidad de enfermar. ↑ 95 % consumo de fármacos.	Escenario de la remisión espontánea («milagro»). ↓ 95 % el consumo de fármacos.
Forma de vida	Supervivencia (entre 8-12 respuestas de lucha/huida innecesarias al día).	Presencia. Contemplación. Acciones en coherencia con la naturaleza interna.
Relaciones	Basadas en la personalidad (esfera de conocimiento individual).	Basadas en la confianza, el desapego, el altruismo, el perdón y la honestidad.
Mecanismos básicos	Lucha, huida o parálisis.	Confianza y honestidad.
Aprendizaje	Basado en la memoria a largo plazo a través de la esfera de conocimiento individual.	Acoplamiento entre cerebros. Conexión con las esferas de conocimiento y el cerebro universal.

Un resumen de las ideas centrales del nuevo paradigma «La biología del presente».

Con los primeros resultados en la mano, pude intuir cómo la biología del presente podría llegar a explicar algún día uno de los grandes quebraderos de cabeza de la medicina: la remisión espontánea de la enfermedad. La remisión espontánea ocurre cuando una enfermedad diagnosticada rigurosamente por un especialista desaparece de la noche a la mañana sin que la persona haya tomado un tratamiento eficaz conocido. Pero, cuidado, no mezclemos churras con merinas. El efecto placebo puede producir cambios en los síntomas, sí, pero estamos hablando de curar un cáncer o un VIH, algo que le queda bastante grande al efecto placebo. La remisión espontánea tampoco se asocia a un fallo en el diagnóstico. A día de hoy, la remisión espontánea es todavía una rama incomprendida de la ciencia médica destinada a unos pocos: los investigadores del presente. Unos bichos raros como nosotros. (Carcajadas.)

¿Y qué es un investigador del presente? Es una persona normal y corriente que es consciente de cómo funciona su mente y su organismo, una persona que no se deja guiar por ninguna idea o creencia que le impida aprender o avanzar, una persona que no tiene miedo a equivocarse y aplica sus descubrimientos a su vida diaria. Un investigador del presente no se queda en el «es muy difícil» o «imposible». Sabe que cualquier creencia, cualquier imagen mental, hasta la más arraigada, se desvanece cuando experimentas las cosas por ti mismo y que, para experimentarlas, tienes que dejar de creértelas y, para dejar de creértelas, tienes que abrirte a una posibilidad. ¡Solo a una! Lo mismo ocurre con la idea «esto es pseudociencia», queridos colegas científicos. Cada vez que un investigador tilda de «pseudociencia» algo sin investigarlo por él mismo esquilan a un borrego en una parte del mundo. Poco importa cuál sea. Poco importa si parece descabellada o si al final resulta que no es cierta. Lo que realmente importa es que una posibilidad te ayudó a abrirte, una posibilidad te impulsó a ir más allá de tus creencias.

Erradicar el hambre en el mundo, desafiar el cambio climático o remitir cualquier enfermedad solo depende de que un único ser humano se abra a una nueva posibilidad. ¿Por qué no puedes ser tú esa persona? ¡Sí, tú! Quien está leyendo esto. Seas quien seas, hayas tenido la vida que hayas tenido. ¿Por qué no puedes ser tú el investigador del presente que revolucione nuestra forma de ver el mundo y la enfermedad?

Solo abriéndote a una posibilidad empiezas a investigar, y, solo si empiezas a investigar, verás remitir espontáneamente el cáncer,[1] verás genes mutar milagrosamente,[2] a la leucemia mieloide aguda desaparecer a lo David Copperfield delante de tus narices,[3] verás desaparecer como un ninja infecciones y parásitos —incluido el sida, aunque mi intérprete rechiste de nuevo—,[4] verás ponerse el anillo único a la tiroides,[5] a la diabetes,[6] hacer bomba de humo a enfermedades del músculo cardiaco,[7] a malformaciones de las arterias,[8] anemias;[9] verás hacer escapismo a lesiones cerebrales y epilepsias,[10] a enfermedades respiratorias[11] y digestivas.[12] Entonces continúas abriéndote a nuevas posibilidades. Descubres que hay personas que remiten espontáneamente un cáncer al recibir una transfusión de sangre,[13] después de un tratamiento con antibióticos u hormonas,[14] o tras extraerle una muestra de tejido para analizarla.[15] Y te preguntas: ¿por qué en todos los pacientes con cáncer que presentan fiebre o son tratados con antibióticos no remiten la enfermedad?

Y continúas abriéndote a posibilidades. Un día tropiezas con informes médicos de personas que han remitido espontáneamente un cáncer de pulmón metastásico justo después de cumplir su última voluntad,[16] de seres humanos que aseguran «haber encontrado su propósito en la vida»,[17] haber vivido profundos cambios personales[18] o haber experimentado episodios de aceptación, liberación, perdón y otros pensamientos esenciales antes de remitir la enfermedad.[19]

Sergi: Desconocía que todos estos casos estuvieran registrados científicamente. ¿Te imaginas si en este ejercicio de profunda autoindagación terminamos convirtiendo esta remisión espontánea involuntaria y misteriosa en voluntaria y conocida? Quizá de nuevo el presente, al ser el hábitat de la conciencia, es la zona cero de autoinvestigación. Justo en el presente es donde podemos vivir el cuerpo sólido como una sensación corpórea de la conciencia. Justo en el presente la enfermedad se convierte por un intervalo de tiempo inexistente en sensación.

El cuerpo necesita un histórico para pasar de ser una sensación a llegar a ser un objeto. Si sitúo la atención en el cuerpo ahora, sin vincularme a mi pasado, me doy cuenta de mi sensación «corpórea». Si sigo atendiéndola veré primero que yo la he terminado llamando cuerpo, y, segundo, que esta sensación por sí misma no está sujeta a ningún límite. Es solo una sensación. Una sensación libre. En el uso presente de la conciencia no podemos tener desgastada una vértebra por tener noventa años. Solo podemos tener la sensación del desgaste, pero la sensación que nuestra conciencia está atendiendo en este instante, ni es producida por el desgaste, ni tampoco produce el desgaste. La sensación es libre.

David: A bote pronto, parece una locura. Sin embargo, solo un puñado de creencias nos separan de esa posibilidad. La mayoría de las ideas que habitan en nuestra mente —en la mente del repartidor de pizzas, de la doctora, del bróker o de la directora de hotel—, están a años luz de la manera de funcionar de nuestra mente y nuestro organismo. Por ejemplo, seguimos creyendo que el objetivo de los seres vivos es sobrevivir, que el organismo reacciona automáticamente ante estímulos externos, que la memoria es una caja fuerte o que todas las células tienen el mismo material genérico.[20] Creer es crear.

Ha llegado el momento de cambiar el chip. De desterrar nuestra visión caduca y chocha de cerebro humano. La neurociencia sabe, desde hace mucho, que el sistema nervioso es un adicto empedernido. Nada reacciona ante estímulos externos. El cerebro no es reactivo. Lo único que es reactivo es una mentalidad superviviente que está en peligro de extinción. En el cerebro en el siglo XXI, las neuronas hacen predicciones a diestro y siniestro, jugándose el todo por el todo en un continuo *all in*. Luego un crupier celular comprueba si su apuesta es coherente con la información sensorial y, en caso de acierto, el cerebro cierra el grifo de los sentidos. ¿Y esto qué significa? Significa que, una vez que aceptamos barco como animal de compañía, la información del exterior nunca llegará al cerebro. ¡La mayor parte del tiempo vivimos una propuesta neuronal! ¡La mayor parte del tiempo los estímulos sensoriales son más ignorados que un zumo de piña en un bar de moteros! (Risas.)

¿Y qué ocurre si la predicción no se parece ni en el blanco de los ojos a la información de los sentidos? Si la cosa es muy grave se producirá un error de predicción. En ese caso, el cerebro puede hacer dos cosas: dar forma a una nueva propuesta más coherente con la información sensorial, o seguir erre que erre con la misma propuesta y forzar la coherencia a lo Chuck Norris.

Vamos a ponerle a esta idea zapatillas de andar por casa. Imagina que llega el domingo y tienes que ir a casa de la suegra. Mientras vas en el coche tu intérprete propone el pensamiento «A ver qué bordería me suelta hoy», y empiezas a sudar frío.* Bajas la ventanilla y te desabrochas el botón del cuello de la camisa. Si al llegar a su

* Para los lectores del otro lado del charco, que os tenía abandonados, una «bordería» es un comentario impertinente y con mala intención.

casa se produce un error de predicción —por ejemplo, tu suegra se alegra de verte—, el cerebro puede dar forma a una nueva propuesta coherente con la información actual —«¿Ves, Sergi, como no es tan mala mujer?»—, o bien seguir en sus trece —«Se está haciendo la buena pero yo sé que es una víbora»—, provocando ceguera perceptiva.[21] Igual que Trump con lo del cambio climático.

SERGI: ¡Ups! (Risas.)

DAVID: La mayoría de las relaciones, sea con tu suegra o con tu mejor amiga, son una batalla predictiva imaginaria. ¿Y por qué actúa el cerebro de este modo? ¿Para salir airoso de un domingo con tu suegra? ¡No! Este tinglado neuronal nos permite reducir descomunalmente el consumo de energía. Así que, donde siempre has pensado «supervivencia», ahora pensaremos «eficiencia energética». Somos, literalmente, arquitectos del mundo que percibimos.

El lío viene cuando desconocemos por completo cómo funcionamos y cómo somos. Ser unos auténticos desconocidos para nosotros mismos dispara la probabilidad de confundir una propuesta neuronal con la realidad. En consecuencia, proyectamos pensamientos, emociones y sensaciones al mundo exterior, sintiéndonos indefensos y atrapados. La sensación de victimismo e indefensión parece tan real que activa innecesariamente los circuitos neuronales del miedo. Aquí se inicia un proceso que, desde mi punto de vista, es crucial para el desarrollo de la enfermedad.

El miedo como forma de vida promueve el estrés crónico, disparando la probabilidad de padecer una enfermedad cardiaca, asma, alergia, depresión,[22] o de ser diagnosticados de cáncer,[23] debilitando el sistema inmunitario, incrementando el riesgo de obesidad, diabetes, úlceras[24] o infecciones,[25] acelerando el envejecimiento y reduciendo nuestra esperanza de vida.[26]

No hace falta ser Sherlock Holmes o Ace Ventura para descubrir cómo el estrés nos predispone a las enfermedades que nos llevan al otro barrio con más frecuencia. Sobra y basta con echar un ojo al *top ten* de las causas de muerte en Occidente en la web de la Organización Mundial de la Salud. A excepción de los accidentes de tráfico, el resto —enfermedades cardiacas, pulmonares, neurológicas, infecciones, cáncer o diabetes— mantiene una estrecha relación con el estrés crónico, la desconexión con el médico interno y la biología de la supervivencia.[27]

¡Y todavía podemos ir más allá! Si la realidad percibida es una predicción neuronal, ¿por qué la enfermedad iba a ser algo distinto? ¿Sería tan descabellado plantear la posibilidad de la enfermedad como un error de predicción? ¿Podría la sensación de desgaste de una vértebra por tener la persona noventa años ser el resultado de una predicción neuronal más o menos coherente con un conjunto de creencias basadas en el miedo y en la supervivencia? Aún nos queda mucho por investigar.

Sergi: Ahora entiendo por qué los conflictos humanos, desde una mentalidad superviviente, siguen la paradoja del gato de Schrödinger. Metes dentro de una caja un gato, un poco de veneno mezclado en su comida y cierras la caja. Pasado un tiempo te preguntas: ¿está el gato vivo o está muerto?

Aún no sabemos si el gato ha ingerido el veneno y ha muerto o si, por el contrario, no lo ha ingerido y sigue vivo. Mientras no abra la caja, ambas situaciones coexisten. Sin embargo, al abrir la caja, veremos una de las dos opciones concretarse. Lo que no veremos es que aquella opción que estamos viendo ha sido decidida previamente por una parte de nosotros de la que no somos conscientes. A esa resultante, gato muerto o gato vivo, la llamamos «la opción que el observador —inconsciente— ha elegido previamente ver».

Sin embargo, las dos opciones siguen existiendo, a pesar de ser conscientes solo de una de ellas. Pocas personas son conscientes de que la opción «estoy enfermo» convive simultáneamente con la opción «no estoy enfermo».

Esto que exponemos es una de las claves para la libertad humana, pero no nos damos cuenta de ello porque, al no ser conscientes de que hemos decidido previamente ver una de las dos opciones, hacemos responsable al gato de comer la comida envenenada o de no haberla comido. De ahí que no nos percibamos como los responsables de lo que vemos.

En cualquier situación de conflicto elegimos ver lo que estamos viendo. Observa que cuando vivimos una determinada situación, para que esta llegue a ser un problema, antes tenemos que decidir que lo que está ocurriendo es un problema. Sin dicha decisión, la situación no sería más que una situación de vida digna de ser vivida, por el mero hecho de estar siendo vivida. De ahí que, en realidad, nunca llegamos a saber si un problema lo es en realidad.

Cuando no asumimos la responsabilidad de lo que vivimos —y esto ya sería una decisión—, pasamos a vivir bajo la amenaza constante de aquello que tememos que pueda llegar a ocurrir. Alimentamos con esa decisión inconsciente la mentalidad temerosa y reactiva de la supervivencia. Lo que más motiva dicha mentalidad son los recuerdos no asumidos. Por eso los atesoramos irresueltos, y para que nunca se resuelvan, nos ofrece la sensación de que no son superables. Pensamos que «aquello que sucedió en el verano de 1982 nunca lo superaré», pero en realidad es otra decisión inconsciente. De hecho, aquellos que aún no asumen la responsabilidad de sus propios recuerdos —culpando al pasado— no pueden asumir la responsabilidad de lo que viven ahora.

El presente nos regala la capacidad de volver a la coherencia y a la cordura cualquier cosa que hayamos almacenado en forma de recuerdos. Cuando la consciencia de la supervivencia empieza a darse cuenta de que el tiempo no existe de la manera en la que lo ha concebido, todas las versiones de nuestra experiencia temporal —la semana pasada estuve enfermo o Sergi tiene cuarenta y tres años— se reúnen en el presente para ser vistas a tiempo real. Y cuando digo reúnen me refiero exactamente a eso; se re-unen en un solo instante. Entonces es lógico que si en algunos de esos recuerdos hay asociadas emociones no resueltas, al entrar en la mentalidad del presente estas se evidencian aún más. La biología de la supervivencia queda así expuesta ante una mirada presente.

Estamos considerando la posibilidad de un nuevo modelo de vida donde se acepta y se asume la experiencia a tiempo real, sin la necesidad de juzgarla para entenderla —enfermedad incluida—. Asumir nuestra experiencia de este modo transforma la personalidad individual en presencia, en conciencia universal, y todo visto desde una personalidad que ya no nos define. La experiencia de vivir como ser humano pasa a ser un constante y natural asumir —vivir—. Asumir cualquier sensación, emoción, experiencia o cualquier encuentro completamente. Y este «completamente» es clave porque es lo que trasciende la humanidad actual. «Completamente» aquí es sinónimo de realización.

Muchos seres humanos, de hecho, están despertando espontáneamente a esta conciencia presente, y una de las características que resaltan con más sorpresa es justamente la espontaneidad del proceso. ¡Plam! (Se oye una palmada.) Lo llaman «el darse cuenta». Como cuando después de un tiempo intentando aprender a montar en bicicleta, el tiempo de aprendizaje se aparta y, de repente, en ese mismo instante, ya no te caes.

David: Es natural que ocurra de este modo. La mentalidad superviviente tiene por bandera las pensaciones y las emociones enredadas, mientras que los pensamientos esenciales son el buque insignia del presente. Los pensamientos esenciales siempre van acompañados de certeza absoluta y tienen la capacidad de revolucionar el mundo que percibes. La aceptación y el perdón —tan habituales en casos de remisión espontánea—, el agradecimiento, la compasión, la fe.

El caso del perdón, por poner un ejemplo. Puedes pasarte treinta años intentando perdonar a alguien por lo que te hizo y, de repente, un día..., ¡cataplás! Tu cuerpo se vuelve ligero como una pluma y tus pulmones se expanden, tus ojos brillan, los pelos se erizan y un cosquilleo recorre tu cuerpo. Estás en paz. No sabes muy bien cómo ha ocurrido —la red neuronal por defecto ha hecho todo el trabajo—. Aun así lo sabes. Tienes la certeza. Has perdonado.

No hay mapa, no hay ruta, no hay receta, no hay libro que nos lleve a «darnos cuenta» o a los pensamientos esenciales. ¿Por qué? Porque cada vez que intentas sacar un pensamiento esencial del instante presente al que pertenece para llevarlo a otro instante, automáticamente se convierte en una pensación. El pensamiento esencial es propiedad de «El Presente S. A.». Detrás de cada situación de vida hay un pensamiento diseñado a imagen y semejanza de ese instante. La neurociencia da algunas claves para alisar el terreno, pequeñas pistas para disponer el campo mental de tal manera que aumente la probabilidad de conectar con ellos. ¿Y cuáles son los máximos promotores de la red neuronal por defecto y de los pensamientos esenciales? La confianza y la honestidad.

Por más que hemos dado unas pinceladas acerca de la confianza y el miedo en el cerebro, no hemos dicho ni pío acerca de la honestidad. Cada persona, los que nos caen bien y los que nos caen mal también, cuenta con un detector de honestidad en el corazón del cerebro —concretamente en la corteza cingulada anterior—, una especie de interruptor que se activa al usar un pensamiento deshonesto. Gracias a los dispositivos de imagen médica sabemos que no hace falta verbalizar una mentira a otra persona para que se active el detector de honestidad. Simplemente con usar un pensamiento con trazas deshonestas el organismo activa la señal de alerta.[28] La neurociencia nos permite entender que la honestidad no tiene nada que ver con decir mentiras a los demás. La honestidad es un acto de empatía con uno mismo. ¿Y la paz? La paz es un acto de empatía de uno mismo con la humanidad.

CONVERSACIÓN 10

Drexler y la física de la personalidad

La conexión que nos une a los demás y al universo

Sergi: Una noche soñé que iba a comprar unas naranjas. Me dirigía algo ansioso y agitado hacia la tienda de frutas y verduras situada en un callejón lleno de alboroto de coches y de gente. Mientras seleccionaba las naranjas que iba a comprar, me percaté de que alguien me había estado acompañando todo el rato. Esa persona me detuvo y me dijo: «Date cuenta de que estás en un sueño».

En ese momento fui consciente de que esa ansiedad con matices de angustia, los ruidos de la calle, los coches, la gente, mi criterio a la hora de seleccionar las mejores naranjas, las naranjas mismas, todo era un sueño. Esa angustia era falsa. Sin embargo, la estaba viviendo como si fuera física. Mi cuerpo estaba expresando una situación que resultaba ser un espejismo de la mente.

Una vez que fui consciente de estar soñando, gracias a la advertencia de mi misterioso acompañante, desperté dentro del sueño a otro sueño. Es decir, soñé que despertaba de ese sueño de las naranjas, pero seguía soñando. Ahora soñaba que había despertado y que estaba acostado en la cama de una pequeña habitación de hotel. Me levanté estando aún en el sueño y vi que en mi habitación seguía mi compañero de sueño de pie junto a una ventana que daba a la calle. Era como si me estuviera esperando. Al ver él que yo me había percatado de su presencia en la habitación, se dirigió de nuevo a mí. «Toca el cristal de la ventana —me propuso—, verás cómo no lo puedes cruzar. Eso es debido a que dentro de este sueño crees que esto es una ventana de cristal y, en consecuencia, no la puedes cruzar.»

En ese mismo momento, me abrí a la posibilidad de cruzarlo y salir volando hacia la calle. Lo hice. Recuerdo la sensación de atravesar la ventana, una sensación que era una mezcla entre un crepitar y una ligera corriente eléctrica. Caí suavemente hacia la calle. Ya en la acera, mi compañero seguía a mi lado. Le miré fijamente y le dije: «Todo esto está muy bien..., pero aún no puedo volar». A lo que respondió con un gesto que me despertó del sueño.

Ahora sí que estaba despierto en el dormitorio de un apartamento alquilado en Bogotá, donde, al día siguiente, iba a compartir un curso con un grupo de personas. Me incorporé en la cama, aún sorprendido por la calidad del sueño y lo vivido en él, cuando me di cuenta de que sentía la presencia de mi misterioso compañero de sueño a mi lado. Yo ya estaba despierto y, de todos modos, podía sentirle. Incluso intuir su figura. Al igual que anteriormente en el sueño, al ver que me había percatado de su presencia se acercó a la pared de la habitación y me dijo mientras la señalaba con un dedo: «Ven a tocar la pared». Toqué la pared y entonces añadió: «No puedes cruzar la pared con la mano porque crees que no la puedes cruzar, igual que la ventana del sueño. No te das cuenta de que aunque crees estar despierto, en verdad, sigues en un sueño al que llamas vigilia. Sigues dentro de una frecuencia que emite tu cerebro y que conforma un conjunto de imágenes mentales con las que tú construyes una realidad en la que te ves a ti mismo como un personaje. Aquel que tú crees ser a partir de tus limitaciones físicas, basadas en tus recuerdos de experiencias físicas, no es más que el producto de meras creencias».

Me encontraba en el mundo real al que llamamos «despierto» y mi acompañante insistía en que seguía en un sueño. Aquí es donde entra en juego el doctor Eben Alexander, un neurocirujano estadounidense profesor de la Escuela de Medicina de Harvard. Él descubrió este mismo paradigma cuando en el año 2008 entró en estado de coma debido a una rara meningitis. La enfermedad destruyó gran parte de su cerebro, quedando la parte que controla el pensamiento y la emoción completamente inhabilitada. Se encontraba tan degradado su cerebro que sus familiares, asesorados por los médicos, se plantearon desconectarlo de la máquina que lo mantenía en vida.

Para sorpresa de todos, su cerebro se recuperó misteriosamente. Acababa de desafiar el conocimiento de todos sus colegas neurocirujanos. Cuando Eben despertó del coma, explicó a sus compañeros cómo incluso en el período de tiempo en el que su cerebro no podía ser consciente de nada, él fue consciente de un campo de conciencia.

Alexander describe en su libro *La prueba del cielo: El viaje de un neurocirujano a la vida después de la vida*, su experiencia vivida durante el coma. Explica el neurocirujano cómo llegó hasta el punto de disolver su identidad, trascendiendo su propia historia personal como ser humano. Explica también su paso por espacios compartidos con la divinidad.

Cuando él, una vez ya fuera del coma y de nuevo consciente, revisó sus pruebas médicas, comprendió que la conciencia es algo que existe más allá de nuestra comprensión material y concreta e incluso cerebral. Sus pruebas indicaban que el cerebro era totalmente disfuncional. Una de las primeras acciones que el doctor Alexander decidió hacer una vez consciente fue compartir su experiencia e impresiones con sus colegas neurocirujanos. Según cuenta él mismo, estos, ante tan desafiante propuesta, se vieron obligados a darle la espalda: «Si lo que está diciendo es verdad, significa que se puede ser consciente sin cerebro».

Dejándose llevar por su mentalidad científica, el neurocirujano empezó a rescatar muchos casos de pacientes que habían tenido experiencias cercanas a la muerte. Algunas de esas experiencias se las habían contado en persona sus propios pacientes y eran muy similares a la suya, aunque, por aquel entonces, no les prestó ninguna atención porque pensaba que eran imaginaciones.

Lo que el doctor Alexander expone abre un espacio de comprensión para muchos. Al igual que él mismo en su pasado, al no haber vivido una experiencia en la que se evidenciara que la conciencia no está sujeta al cerebro, no pueden ni imaginar tal posibilidad. ¿Y si el cerebro no es el origen de consciencia, sino la antena receptora de un campo al que podemos llamar conciencia? De este modo, en función de cómo sintonicemos la antena, podríamos acceder a la mente de dos maneras: desde nuestros patrones e ideas individuales, o de forma directa sin estar sujetos a un proceso cerebral individual y aislado como es el del ego.

David: Somos antenas. No tengo la menor duda. El cuerpo humano es un ir y venir de cargas eléctricas. Según la física, una carga eléctrica en movimiento da lugar a un campo magnético, por lo que el cerebro emite señales electromagnéticas constantemente. Igual que una antena. La principal diferencia es que el campo electromagnético emitido por el sistema nervioso es de muy baja intensidad comparado con una antena convencional. Al decir esto soy consciente de que el tema de la intensidad «alta» o «baja» es muy relativo. Conforme la tecnología avanza —y con ella la sensibilidad de los cacharros de medida—, aquello que era de «muy baja intensidad» pasa a ser de «no tan baja intensidad».

Por este motivo, que la señal electromagnética emitida por el sistema nervioso sea «baja» o «alta» depende más de la sensibilidad del cacharro de medida y de con qué comparemos el resultado —un gigante de dos metros es un enano comparado con una jirafa de seis metros de altura—, que de la naturaleza misma de la señal emitida por el organismo.

Ahora bien, puede que el sistema nervioso tenga la potencia adecuada para comunicarse con el campo conciencia. ¿Y qué diantres es el campo conciencia del que habla Sergi? De toda la información que nos rodea, el cuerpo humano tan solo puede captar una pequeña porción mediante los sentidos. Un sentido es un órgano capaz de traducir información —luz, sonido o un compuesto químico— a un lenguaje que el cerebro es capaz de entender, pero existen muchos aspectos que somos incapaces de percibir, como los infrasonidos que utilizan los elefantes para comunicarse o los agujeros negros. La idea es: que no seamos capaces de percibir esa información no significa que no exista. Está ahí. Incluso, a veces, la podemos medir.

En el caso de los agujeros negros, el cuerpo humano no tiene sensores para detectarlos. Aun así existen. En abril de 2019 «fotografiamos» por primera vez un agujero negro de la galaxia M87 en la constelación de Virgo. Toda una hazaña predicha por la teoría de la relatividad de Einstein. Hacer una foto a un agujero negro no es moco de pavo si tenemos en cuenta que se «traga» la luz y no refleja ni un ápice de ella. Son tan atractivos —los George Clooney del universo— que nada puede escapar de su atracción gravitatoria.

Y en este contexto, ¿qué sería la «conciencia universal» y la «consciencia individual»? La «conciencia universal» representa el 100 % de la información que nos rodea, incluyendo los agujeros negros y las tertulias del corazón entre elefantes, mientras que la «consciencia individual» toma forma a partir de la escasa información captada a través de los sentidos —un 5 % de la conciencia universal—.[1] La consciencia individual, es decir ese 5 % de toda la información existente que llamamos «conciencia universal», es la materia prima de nuestro sistema de pensamiento. Marchando una imagen, por favor.

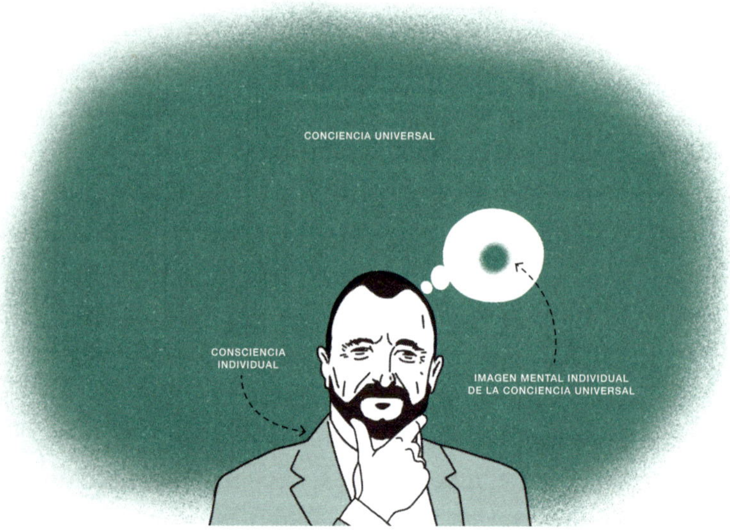

Antes de nada, confieso que tratar de dibujar la conciencia universal es más arriesgado que hacer la corrección del nuevo libro de Pérez-Reverte, porque conlleva poner un límite a algo ilimitado. Incluso decir el «100 % de la información que nos rodea» es un límite para la conciencia universal. Dicho esto, en la imagen podemos ver la conciencia universal, la consciencia individual y, algo que a Sergi le encanta remarcar, la limitada imagen mental que nosotros tenemos de la conciencia universal.

SERGI: ¿Eso implicaría que nuestro sistema de pensamiento está excluyéndonos constantemente de la conciencia universal? Pudiera ser que al mantener ocupado el cerebro atendiendo solo a nuestra consciencia personal —con sus necesidades, sus miedos, sus recuerdos y sus deseos—, nuestra consciencia personal se convierta en la nube que cubre el sol, que representaría la conciencia universal. De este modo, nos confundiríamos y terminaríamos creyéndonos ser la sombra resultante. ¿No es raro encontrarse con un ser consciente de sí mismo que a su vez no es consciente de la fuente de su conciencia?

Cuando vivimos cobijados bajo la sombra de nuestra consciencia personal, cada pensamiento, cada decisión que tomamos, es en aras de seguir ignorando la conciencia universal. Y lo hacemos no solo porque no la recordamos, sino porque además la tememos por ser desconocida. De este modo, nuestra fuente de vida, la conciencia universal, pasa a ser vista como una amenaza a nuestra individualidad, a nuestra propia versión limitada e incluso ridícula de nosotros mismos. De forma silenciosa y oculta, le pedimos a nuestro querido cerebro que en lugar de ejercer de antena ejerza de productor de imágenes mentales —pensamientos, recuerdos—. Así es como termina manteniéndonos aislados de la conciencia universal y de sus esferas de conocimiento.

Al mantenernos alejados de la conciencia universal, nuestro cerebro no sintoniza con aquello que los humanos aún no conocemos, como la paz absoluta o el amor incondicional. Así como la nube no amenaza al sol, el uso particular que nosotros hacemos del cerebro tampoco amenaza a nuestras posibilidades ni a nuestras capacidades reales. Únicamente produce nuestras emociones y pensamientos personales a modo de nubes.

Nuestra versión del amor, de la paz, de la alegría, de la felicidad no son reales. Son versiones sombrías de sus posibilidades reales y brillantes. Por esa razón, por más que perseguimos estos ideales tan anhelados por la mayoría de los seres humanos, no conseguimos alcanzarlos. Perseguimos sombras. Imágenes producidas por nosotros mismos. Es lógico que si trato de alcanzar mi versión sombría de felicidad, nunca me sienta completamente feliz.

Por esta razón, para llegar a la felicidad uno antes debe reconocer su propia versión personal. ¿Cómo? Haciéndose responsable de ella. ¿Cómo? Mirándola, sintiéndola. Nada de lo que creemos que está ocurriendo es cierto. Como decía el personaje que me acompañaba en el sueño: solo es una ilusión.

David: Hablando de sueños, me viene a la mente uno que me contó Nano —así lo llamábamos en el colegio, aunque ahora tiene treinta y cinco años y mide 1,75 m—. El sueño transcurría en casa de sus padres. Durante una comida familiar, quería hablar con su tía pero era incapaz de recordar su nombre. Por vergüenza a que descubrieran el despiste no lo hizo. Esperó. Pasaron unos minutos hasta que su madre la nombró para que le acercara la sal y, solo entonces, Nano pudo recordarlo. ¡¿No te parece increíble?! ¿Por qué su madre podía recordar el nombre de su tía a voluntad y él, que supuestamente era el arquitecto del sueño, era incapaz de hacerlo?

La mente de Nano dio vida a su madre, a sus dos hermanos, a su tía, a su padre y al salón de la casa de su infancia. Sin embargo, era incapaz de recordar el nombre de su tía, cuando su madre pudo hacerlo a voluntad. De algún modo, igual que explica el extraño personaje que te acompañó en el sueño, Sergi, la mente de Nano ocultó información al personaje «Nano» y no a su madre —un personaje proyectado por su propia mente—. La información estaba disponible en algún lugar. Ese lugar es la conciencia universal. Es la conciencia que Nano limita para dar vida a sus creencias personales, a sus imágenes mentales; es la conciencia que el cerebro de Nano utiliza para construir su percepción individual de la realidad.

Sergi: ¡Así es! El doctor Alexander, al igual que algunos de sus pacientes, demostró que es posible acceder a la conciencia universal superando las propias creencias e ideas personales. Cuando te permites hacer eso, puedes ir más allá de tu estructura mental superviviente para descubrir que cualquier cosa que puedas percibir es solo una idea que está dentro de tu mente. ¡Cualquier cosa! Incluso tu cuerpo es una idea que forma parte de tu mente. Esto cambia completamente el paradigma y la visión del cuerpo. De «la mente está dentro de la cabeza» a «el cuerpo está dentro de la mente». ¡Es justo al revés!

Cuando me abro a investigar esta posibilidad que estamos viendo, me doy cuenta de que yo te estoy percibiendo a ti y que, consecuentemente, estoy siendo consciente de ti. ¿Significa esto que tú estás dentro de mi mente? Si eso es así, mi mente deja de estar clausurada dentro de mi cráneo —mi cueva personal—. Ahí la conciencia de unidad se despierta. Verte y hablarte en realidad solo es una percepción. No hay un «yo» que mira a un «tú» ajeno a mí. Aquí es cuando la percepción de dos cuerpos charlando no atrapa la atención de la consciencia. David, Sergi, el doctor Eben Alexander, Nano, su madre, su tía o George Clooney son expresiones distintas de la misma conciencia.

David: Todo esto puede sonar muy raro. Lo sé. Sobre todo cuando damos por supuesto que la mente es un producto exclusivo del cerebro. Durante años, los científicos hemos tratado de entender la mente humana mirando únicamente las neuronas y no lo hemos conseguido. En realidad, no solo no hemos conseguido entender la mente como un producto exclusivo de la actividad de las neuronas, sino que hemos convertido la consciencia en un «problema difícil», tal y como explica inimitablemente David Chalmers.[2]

Para ser claros, tratamos de entender el fútbol mirando únicamente la pelota. Por mucho que estudies su trayectoria, la presión del balón, su material o el número de giros del balón sobre sí mismo al ser golpeado, nunca vas a entender el fútbol. Necesitas tener en cuenta a los jugadores, el terreno de juego, la afición, la portería o el árbitro. ¿Y por qué resulta tan complicado? Porque el fútbol no es producto exclusivo de la pelota. Con la mente pasa lo mismo: no es un producto exclusivo del cerebro.

En el campo de la física y la biología, el fútbol es un sistema emergente. ¿Un sistema qué? Piensa en una imagen. De cerca solo son píxeles pero, cuando te alejas, emergen propiedades que no existían antes en ese grupo de píxeles, como la profundidad de campo o el balance de blancos. ¡Incluso puede transmitir una emoción o valer más que mil palabras! La imagen es un sistema emergente de un grupo de píxeles igual que el fútbol, el organismo o la mente.

Aplicar la ciencia a la mente resulta muy útil porque nos permite mirar desde fuera de David o de Sergi, desde un ángulo impersonal que nos cuenta otra historia acerca de la conciencia universal. Aquí solemos entronar un escollo. Muchas personas usan la ciencia para tener razón sin darse cuenta de que, con ese gesto soberbio, el ángulo impersonal se vuelve personal y deja de aportar visión. Convertimos constantemente la ciencia en algo personal sin valor ni sentido.

Ningún experimento científico hasta la fecha ha evidenciado que la mente —ese campo donde pensamos, recordamos, amamos o sentimos— sea un producto exclusivo del cerebro. Ninguno. El sistema nervioso influye en los procesos cognitivos, claro que sí, forma parte del proceso, pero no determina el funcionamiento de la mente.

Uno de los muchos ejemplos es la relación entre los microbios que viven en nuestro intestino y las acciones mentales. En las sensaciones, por ejemplo, la microbiota intestinal puede alterar la expresión del receptor GABA, el cual regula ciertos aspectos psicológicos.[3] El sistema entérico, la red de neuronas encargadas de la comunicación entre el cerebro y el aparato digestivo, también puede afectar a los pensamientos y a las propuestas del intérprete. Incluso puede influir en la toma de decisiones al estar en constante comunicación con el córtex orbitofrontal.[4] La conexión es tal que muchos científicos nos referimos al sistema digestivo como «el segundo cerebro».[5]

Con la información actual, cualquier persona puede llegar a asumir que la mente no es un producto exclusivo del cerebro y que interviene el cuerpo en su totalidad. En cambio, ¿cuántos están dispuestos a asumir que la mente tampoco es un producto exclusivo del cuerpo?

Durante años estudiamos el organismo humano de forma aislada, en el ambiente controlado y frío de un laboratorio. Si bien descubrimos cosas fascinantes, poco o nada sabemos acerca de cómo funciona el cerebro cuando se relaciona con otros cerebros. Y no hay que ser Sharon Stone —la actriz tiene un cociente intelectual de 152— para saber que las personas nos pasamos la vida relacionándonos. Hasta el tonto del pueblo lo sabe.

Vivimos una época apasionante. Una época donde podemos estudiar la actividad cerebral de varias personas simultáneamente gracias a una nueva técnica: el hiperescáner.[6] Este cachivache nos permite ver cómo dos cerebros se acoplan durante una conversación trivial aunque sea a través de una mampara,[7] cómo nuestras ondas cerebrales bailan al mismo son cuando expresamos emociones a nuestra pareja —también por Skype—,[8] cómo nos sincronizamos al realizar una acción conjunta, como jugar a piedra, papel o tijera,[9] al baloncesto, ver una película,[10] interpretar una canción a dos guitarras[11] e, incluso, durante la toma de decisiones en grupo. Con un hiperescáner podríamos ver ahora mismo, sin ir más lejos, cómo seguramente el cerebro de Sergi, mi cerebro y el del lector o lectora, están perfectamente sincronizados igual que un *smartphone* se pone de acuerdo con la nube para intercambiar información.

La pregunta es: ¿sintonizamos igual con todo el mundo? La respuesta es no. No todas las relaciones nos llevan a una perfecta sincronía cerebral. Al margen de la tendencia natural de las personas a acoplarnos con nuestros seres queridos y no con un extraño,[12] existen ciertos factores que promueven la sincronía entre cerebros: la cooperación,[13] la empatía, el altruismo, la confianza y la honestidad.[14] Aspectos como la inseguridad —ya sea por celos o por falta de confianza en uno mismo— afectan al acoplamiento cerebral en una relación de pareja.[15] ¿Hasta qué punto? Aquí es donde nos encontramos hoy en día. ¡Hay que seguir investigando!

La ciencia nos ofrece una nueva visión del cerebro humano que no solo está revolucionando la forma de entender la mente o de relacionarnos, sino también la forma de aprender. El milagro del aprendizaje, esa chispa que da lugar al entendimiento y la comprensión, nos visita con más probabilidad cuando el cerebro del profesor y del alumno están perfectamente sincronizados. Además, llevando el hiperescáner a las aulas, vemos cómo la corteza prefrontal —mano sobre la frente— de los estudiantes que más aprendieron apenas presenta actividad cuando los cerebros del alumno-profesor están sintonizados.[16] ¿Y esto qué viene a decir? Viene a decir que aprender no requiere esfuerzo ni pelarse los codos, o, dicho de otro modo, no requiere una elevada actividad neuronal. ¿Entonces qué requiere? ¡Sincronía entre cerebros! De hecho, podemos predecir la probabilidad de que el aprendizaje se dé mirando si la banda cerebral de ondas alfa de alumno y profesor están en sincronía.[17]

SERGI: La tendencia a la unidad entre cerebros termina traduciéndose en tendencia a la sincronía cerebral.

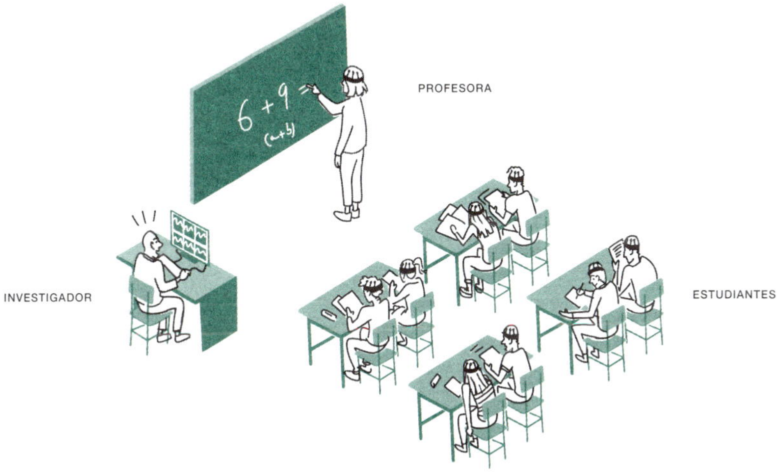

El avance de la tecnología nos permite coronar la testa de profesores y alumnos con un electroencefalograma para medir la actividad de sus neuronas piramidales al mismo tiempo. Esta técnica recién salida del horno, conocida como «hiperescáner», nos ofrece una nueva perspectiva no solo de la educación, sino también del cerebro humano y de su tendencia a sincronizarse con los demás.

David: ¡Exacto! El sistema nervioso de las personas que ven el mundo de la misma forma tiene mayor probabilidad de acoplarse.[18] ¿Eso significa que para sincronizarme con David tengo que pensar igual que él, comprar todos sus libros y verme todos sus vídeos? ¡No! Dios te libre. (Risas.) Dos personas tenderán a la sincronía cerebral en función de los pensamientos que decidan usar o tirar, en función de si elijo el camino de la confianza y la honestidad o del miedo y la corrupción. Poco importa la forma concreta que tomen los pensamientos. Un pensamiento siempre fue y será una propuesta neuronal. Lo importante es la posibilidad de decidir conscientemente usarlo o no.

Tenemos la tendencia natural a sincronizarnos con los demás. Por eso la soledad es tan devastadora para el organismo. Ya lo vimos anteriormente, aunque no está de más hacer hincapié en ello: la sensación de soledad es más peligrosa para la salud que la contaminación ambiental, la obesidad o fumar quince cigarrillos al día.[19] ¿Y qué tiene que ver todo eso con la conciencia universal? ¡Todo! Cuando yo resueno contigo, nuestros cerebros entran en sincronía, induciendo ondas alfa que nos llevan a la introspección. Ahí surge un espacio neuronal compartido. Una oportunidad de acceder a aspectos de la mente completamente nuevos.

Desde un punto de vista cerebral, una relación es una oportunidad. Una puerta de entrada a nuevos aspectos de mi mente, a lugares a los que no puedo acceder por mí mismo porque mi cerebro no sabe cómo vibrar de ese modo si no se sintoniza con el tuyo. Los demás nos permiten ampliar nuestra consciencia individual. Nos permiten entrar en espacios de la conciencia universal a los que somos incapaces de acceder por nosotros mismos. Como resultado, dos personas aparentemente separadas pasan a formar parte del mismo «mundo interior», de la misma mente. Pasan a compartir un espacio de atención colectiva donde yo puedo dirigir mi atención individual a tu mundo interior. Un mundo donde nuestros cerebros están en sincronía. Una misma mente. «Yo soy yo» muta a «yo soy nosotros». Durante ese encuentro, la mente ha dejado de ser un producto exclusivo del cuerpo.

Sergi: Estás hablando de la aparición de la presencia. La presencia tiene lugar cuando el «yo» se abre a la conciencia universal como si fuera una flor. De hecho, es el retorno del «yo» a su origen universal. Por eso es básico asumir la responsabilidad del «yo» con todo su ropaje mental y emocional, porque, al hacerlo, estamos dando el primer paso hacia lo universal. Utilizamos una conciencia que es infinita y eterna para construir nuestra consciencia individual porque al adoptar la creencia «yo soy yo y solo yo», esa vastedad pasa a ser un «yo» concreto. No obstante, esa creencia es una imagen, una imaginación, y no existe en realidad, porque es imposible desvincularse del universo. ¡¿No es fascinante?!

Al darte cuenta de esto, puedes viajar hacia la idea que tienes de ti mismo y cruzarla en dirección a su fuente. Prácticamente nadie quiere hacer este gesto, porque llevarlo a cabo implica desaparecer. Y la desaparición, para un organismo que solo es consciente de su individualidad, es vista como la propia muerte. Así es como la realización del ser humano —la versión más brillante del ser—, disponible en este mismo instante presente, se convierte en una amenaza. El monstruo del que tratamos de sobrevivir huyendo. Al huir de nuestro presente, huimos de la vida.

Aquí viene un ejemplo de cómo huimos, sin darnos cuenta, de nuestra versión feliz. Cuando trabajaba como fisioterapeuta vino a la consulta una persona a rehabilitarse por un problema en el hombro. Era policía local. Se lesionó cuando, después de haber requisado una mercancía ilegal, se dirigía hacia su vehículo, y la persona a la que se la había confiscado vino por detrás y tiró fuertemente de sus pertenencias para recuperarlas. Ese estirón le produjo una lesión en un hombro. La rehabilitación resultó ser mucho más lenta de lo previsto y empezó a deprimirse. Su estatus en su trabajo, y todo lo que comportaba eso para él, estaba amenazado.

Recuerdo que era una persona muy simpática. Hablábamos de muchas cosas durante las sesiones de rehabilitación. Un día se sentía especialmente hundido emocionalmente y me preguntó: «Sergi, ¿cómo puedo salir de esto?». Al oír la pregunta, me la pregunté a mí mismo desde lo más profundo de mi corazón. «¿Cómo puedo ayudar a esta persona? ¿Cuál es su salida?» En mi cabeza apareció una imagen muy nítida de él en una cinta de correr en un gimnasio. Era un gimnasio conocido porque hay varios de la misma cadena en Barcelona. Pude ver incluso en qué zona de Barcelona estaba ubicada esa sucursal en concreto. La imagen estaba viva. No era un «Aconséjale ir al gimnasio para que…». La imagen contenía información. Hablaba, por decirlo de alguna manera. Así que me detuve a mirarla con toda mi atención. Me di cuenta de que estaba viendo algo que ya estaba sucediendo. Era como una contraimagen, una imagen superpuesta en la que él estaba igualmente con la lesión de hombro pero frecuentando el gimnasio. En mi imagen, él estaba feliz.

El siguiente paso fue preguntarle: «¿Eres socio de algún gimnasio de esta cadena?». Me respondió que sí. «¿El que está ubicado en esta zona de Barcelona?», insistí. «Sí», respondió sorprendido. Entonces le dije: «Ahí está tu versión feliz. Únete a ella. Tú ve y ponte en la cinta. No para adelgazar —había engordado mucho y, según él, comía en exceso debido a cómo se sentía—, no para cambiar nada, solo para unirte al tú que ya está siendo feliz». Se negó a ir al gimnasio después de contarse a él mismo una buena razón por la cual no ir.

Esa experiencia me llevó a hacerme varias preguntas. Al ser el tiempo esférico —todo sucede simultáneamente—, ¿es posible que el espacio también lo sea y estén sucediendo todas las posibilidades simultáneamente? ¿Existirán los famosos universos paralelos de los que habla el físico teórico Michio Kaku? Y ¿es la conciencia el puente para comunicarse entre ellos?

He visto que una experiencia de presencia, en la que la personalidad no interfiere, transcurre en un campo de conciencia que está fuera del espacio y tiempo. Dentro de este campo, el cerebro pasa de pensar pensamientos cocinados por uno mismo a recibir pensamientos esenciales cosechados en un campo más amplio. De este modo, la consciencia personal pasaría a ser la punta del iceberg. Todos nos convertimos en puntas de iceberg aisladas cuando nos miramos desde un punto de vista situado por encima del mar, pero, en realidad, compartimos como base el mar en el que flotamos.

Ser consciente de esto nos permite no confundirnos más en relación a quiénes somos como seres humanos. Cuando uno es consciente del mar que nos une, pasa a relacionarse con las demás puntas de iceberg desde la comprensión de unidad que nos ofrece la conciencia mar. Un iceberg que solo es consciente de sí mismo teme derretirse porque cree que desaparece al hacerlo. En cambio, cuando eres consciente del mar sabes que cuando te derrites vuelves a ser mar, que es lo que fuiste antes de conformarte como iceberg. Por eso la muerte pasa a ser otra cosa, y la supervivencia se ciñe simplemente a un mecanismo de la vida por mantener en pie la forma iceberg en caso de que sea necesario. La muerte deja de ser una amenaza psicológica. Dentro de los confines de nuestra realidad concreta, nada muere, todo se transforma.

La palabra transformación proviene etimológicamente de *transformāre*, que significa literalmente —*trans*— «de un lado al otro» o «más allá de» —*formāre*— «la figura» o «la imagen». Visto así, la muerte pasaría a ser un movimiento, del lado del mundo de las formas —figuras e imágenes—, al lado del mundo de más allá de las formas. Visto desde una escala más reducida y menos amenazadora, vendría a ser como cuando nos cambiamos de ropa, cae una hoja seca o simplemente amanece.

David: Ya lo decía Jorge Drexler. (Risas.) Aquí entra en juego la «física de la personalidad». Piensa en un tomate. Un tomate no es rojo. De hecho, odia el color rojo. Por eso lo refleja. Cuando la luz blanca del sol incide sobre un tomate, la fruta absorbe las ondas electromagnéticas correspondientes al azul-amarillo y refleja las rojas. Son estas ondas rojas reflejadas las que llegan a nuestros ojos y el sistema nervioso reconstruye. La luz blanca procede de las estrellas y está formada por una superposición de luces de todos los colores visibles. Ver un tomate rojo solo es una invención neuronal. Si nuestros ojos captasen las ondas absorbidas por el tomate, en lugar de las reflejadas, veríamos el tomate color verde amarillento. Molaría, ¿no?

La personalidad sigue un proceso similar. La luz blanca procedente del sol representa la conciencia universal. Al encontrarse con Sergi Torres, Sergi absorbe una parte de la conciencia universal y refleja otra. La energía absorbida de la conciencia universal es aquella que Sergi utiliza para construir su personalidad. En cierto modo, Sergi, Sandra Bullock, el lector o lectora, Mr. Bean y David rechazamos una parte distinta de la conciencia universal para poder ser nosotros mismos. Tal vez exista, igual que ocurre en la física óptica, un ángulo por el cual Sergi o David absorben por completo la conciencia universal, un ángulo en el que la personalidad deja de ser el centro de la experiencia humana, donde la punta de iceberg se siente un iceberg sostenido por el mar.

CONVERSACIÓN 11

Placebo 2.0 y *bye bye*, creencias limitantes

El arte de darle un uso distinto a los pensamientos

SERGI: Algunas personas que hayan llegado hasta aquí estarán esperando a que digamos qué pueden hacer para curarse o mejorar su salud. Esta espera surge de una pequeña confusión en la que la enfermedad es vista como la mala de la película. Sin embargo, la enfermedad es un sencillo recurso que el organismo tiene para llamar nuestra atención de vuelta hacia nosotros para que empecemos a atender algo que ha estado desatendido hasta ese momento.

El momento en el que la atención regresa para que nos atendamos es de suma belleza, pero suele vivirse con miedo. Solemos ver ese instante como una amenaza a nuestra vida en lugar de ver que la vida consciente regresa a nosotros. Cuando vivimos aún sumergidos en la mentalidad superviviente —identificados exclusivamente con nuestro cuerpo— es lógico que, al creer que nuestro cuerpo enfermó, tratemos de deshacernos de la enfermedad en lugar de usarla para descubrir quién somos más allá de nuestra identidad corpórea enferma.

Una vez alcanzado este punto, aparece una de las claves del autoconocimiento: el descubrimiento del miedo. Llegar a conocer el miedo en profundidad abre la puerta a la libertad. Conocerlo nos permite tomar decisiones que van más allá de lo conocido. Nos permite decidir usar la enfermedad como una herramienta con la que poder ver el miedo en su estado puro: el miedo a la muerte.

Allá donde impacta el miedo de forma más evidente en nuestro organismo es en el sistema nervioso. El miedo actúa como un potente barbitúrico, anestesiando e incluso cortocircuitando sus capacidades. Si miramos el sistema nervioso como un conjunto de circuitos de información cuyo centro de mando más famoso es el cerebro, el miedo se instalaría tanto en los circuitos entre neuronas como en medio de los cables periféricos de transmisión. Esto provoca que la información se transmita con baja calidad e, incluso en algunos casos, llegue a interrumpirse.

No me cabe la menor duda de que un período de enfermedad puede ser vivido como una herramienta para descubrir un espacio interior que, paradójicamente, cuanto más adentro de nosotros mismos llegamos, más allá de nosotros mismos nos lleva. Cuando una persona empieza a descubrir este campo de consciencia transpersonal, el sistema nervioso experimenta una especie de despertar en el que este se hace más sensible. Durante este período suelen aparecer momentos de gran confusión debido al «desperezamiento» del sistema nervioso, proceso en el que el miedo se hace evidente. Es muy corriente vivir momentos de gran claridad alternados de forma súbita con otros de gran temor.

Si el misterio de la vida usa la enfermedad como recurso para despertarnos, tendremos enfrente una oportunidad para atravesar una gran sacudida. Si la usamos conscientemente puede llevarnos a dar un gran salto en la vida. El uso consciente de la enfermedad y del miedo nos lleva a entrar de lleno en el presente. De hecho, si nos volcamos en dicho proceso veremos la irrelevancia tanto del pasado como del futuro. Veremos, también, cómo los momentos presentes nos muestran su sentido propio, más allá de nuestro temeroso sentido personal.

Visto esto, la enfermedad no es la mala de la película. Nada en la vida es bueno o malo por sí mismo. Sin embargo, todo puede ser usado para llevarnos más allá de nuestra insatisfactoria autoimagen inventada.

David: Vamos a llevar todo esto a la práctica. El primer paso es darle un uso distinto a la pregunta «¿Qué puedo hacer para curarme o mejorar mi salud?». Tal y como comentas, Sergi, solemos afrontar el «problema enfermedad» desde el miedo. Por ejemplo, el uso temeroso de la pregunta «¿Qué puedo hacer para curarme?» puede llevar a una persona al médico, a redactar una petición de gobierno para solicitar más inversión en I+D o, tal vez, a leer este libro en busca de una solución a su problema.

Permíteme ser claro. Soy totalmente consciente de que este libro no va a curar a nadie. Tampoco es esa su finalidad. Solo trata humildemente de aportar claridad al proceso de la enfermedad, en lugar de intentar cambiarlo o mejorarlo, en lugar de luchar o huir contra él. En ningún caso estoy insinuando —intérpretes con patas— que ir al médico o invertir en I+D esté mal. Al contrario. Existen tratamientos muy eficaces que hacen llevaderos los síntomas, biomateriales excelentes; existen médicos con una gran calidad humana que nos brindan apoyo, conocimientos y comprensión. La cita con el médico, el tratamiento o la I+D forman parte de la experiencia enfermedad. Incluso no tomar un tratamiento cada ocho horas es un «tratamiento» si lo uso como estrategia para curarme. Actuar es importante. ¡Por supuesto! Solo subrayo con fosforito que, a día de hoy, el motor de las acciones cotidianas en cuestiones de salud es el miedo.

Dicho esto, ¿cómo sería la enfermedad o la investigación biomédica si, en lugar del miedo, usáramos la confianza como motor? Para descubrirlo hay que ir hasta la raíz del asunto y mirar la cara oculta de la enfermedad. ¿Y cómo se hace eso? Poniendo en práctica todo lo aprendido en estos días para darle un nuevo uso a la pregunta «¿Qué puedo hacer para curarme o para mejorar mi salud?».

Estarás conmigo, Sergi, en que «¿Qué puedo hacer para curarme?» es un pensamiento en forma de pregunta. (Sergi asiente.) Un pensamiento es una propuesta neuronal y, como tal, va a impulsar un cambio en mi sensación básica si le presto atención. Anteriormente vimos cómo la sensación básica nos informa acerca de la utilidad de los pensamientos y descubrimos la posibilidad de dejar de prestar atención a las propuestas neuronales. Al no prestar atención a un pensamiento —no usarlo—, el cerebro interpreta que se trata de una propuesta inútil, y la probabilidad de que el mismo pensamiento sea propuesto en una situación de vida similar disminuye. La práctica de «usar o tirar» es la forma más cotidiana y natural de relacionarnos pacíficamente con las cosas que piensa nuestro cerebro. Ahora bien, podemos darle un uso diferente a las propuestas neuronales que nos lleva a cartografiar nuestro sistema de pensamiento.

Pensamos en forma de árbol. En mi caso, prestar atención al pensamiento hoja «¿Qué puedo hacer para curarme?» genera una mezcla de esperanza e incertidumbre. Sosteniendo la atención sobre el pensamiento hoja, entra en escena una nueva propuesta neuronal. El intérprete pone sobre la mesa el pensamiento rama «No sé cómo puedo curarme». Con cada propuesta, mi afecto cambia. Ahora siento impotencia y frustración. Pensamiento rama y pensamiento hoja están conectados por el hilo invisible de la atención sostenida.

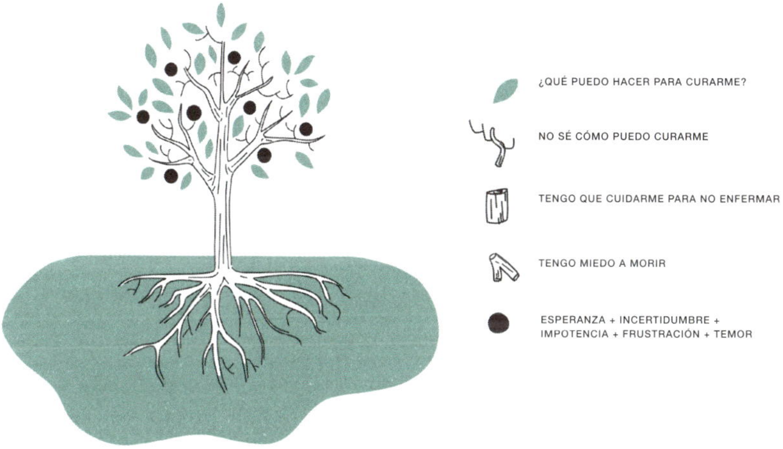

Pensamos en forma de árbol. Las propuestas del intérprete están interconectadas entre sí y podemos seguirles la pista igual que el detective Colombo en un caso de homicidio. Aunque no hemos hablado de ella, la emoción —el fruto de una sensación básica conceptualizada y categorizada— se construye teniendo en cuenta todos y cada uno de los pensamientos de un mismo árbol. Es decir, cada vez que prestamos atención a un pensamiento hoja no solo sentimos la sensación generada por el propio pensamiento hoja; también sentimos las sensaciones asociadas al pensamiento rama, tronco y al pensamiento raíz en mayor o menor medida. Lo más fascinante de todo es que este proceso tiene lugar tanto si somos conscientes de cómo funcionamos como si no.

La rama conecta con el tronco. Continúo prestando atención sostenida al pensamiento rama hasta llegar a él. El pensamiento tronco «Tengo que cuidarme para no enfermar» y la preocupación que siento conectan, a su vez, con el pensamiento raíz «Tengo miedo a morir». Me invade una sensación de temor. El miedo o la confianza es la baliza que señala el fin de trayecto.

Solo desde la raíz puedes ver que el miedo no es más que un pensamiento que decidimos usar. Solo desde la raíz puedes ver cómo muchas sensaciones experimentadas durante la enfermedad son miedos, no síntomas. En mi caso, miedo a morir. En el caso de otra persona, miedo a ser una carga para sus seres queridos. No importa. Lo importante es tomar conciencia de ello.

Desde ahí descubres que una cosa es la fiebre o el dolor generado por un problema físico, y otra muy distinta el dolor generado por mis propios miedos. Mientras que el dolor o la fiebre suele tratarlos el médico con analgésicos o antibióticos, nadie trata mis miedos porque nunca le doy un uso distinto a los pensamientos. ¿Y cuál es el problema? El organismo no dispone de sensores para diferenciar el dolor generado por un problema fisiológico y el dolor ocasionado por mi miedo. Ambos generan cambios químicos. Ambos alteran mi actividad neuronal. Pero como no disponemos de sensores para diferenciarlos en el campo mental, asumimos nuestros miedos como síntomas de la enfermedad, llegando, incluso, a volver majaras a los médicos durante el diagnóstico.

Cuando tomas conciencia de cómo funciona nuestra mente y nuestro organismo, se abre la posibilidad de evolucionar, la posibilidad de distinguir con diferentes texturas la sensación producida por el miedo o por un síntoma real de la enfermedad en el campo mental. Entonces reconoces que un miedo es un pensamiento. Una propuesta neuronal. Ahí, síntoma y miedo dejan de estar bajo el paraguas de la enfermedad. Firman los papeles del divorcio. Enfermedad y vida se funden. Dejan de ser algo ajeno. Se convierten en un proceso. Una mirada. Una mirada hacia fuera y hacia ti mismo. Una mirada que abarca desde las hojas hasta la raíz del asunto. Bienvenido a la república independiente de tu casa. Al origen fundamental de lo que sientes.

Esta nueva mirada no solo es aplicable a la salud, sino también al cambio climático, al machismo o a la corrupción. Por ponerle ojos y boca: un uso diferente de la pregunta «¿Qué puedo hacer para erradicar la corrupción en el mundo?» me lleva a integrar todo aquello que siento al pensar en la corrupción como un aspecto de la mente. No estamos diciendo que no haya cosas que mejorar. ¡Al revés! ¡Es importante actuar! Solo digo que llevamos años mirando la mitad del problema, y, aunque se respira una ligera sensación de mejora, la corrupción continúa siendo una realidad social para muchos, después de miles de años. ¿No vale la pena abrirnos a mirar desde otra perspectiva? ¿No vale la pena proponer soluciones diferentes?

Mira a tu alrededor. Prácticamente nadie asumimos el problema de la corrupción. Prácticamente nadie lo incluimos como parte de nuestra mente. Solo atendemos a la mitad del problema: el problema externo. Es como si la mitad de nuestra vida estuviera inexplorada. ¿Qué sientes, Sergi, cuando piensas que vives en un país corrupto?

Sergi: Injusticia, ansiedad.

David: Si el origen de tu ansiedad proviene de la realidad «Vivo en un país que es corrupto», ¿no crees que deberías sentir ansiedad todo el tiempo? ¿No crees que deberías sentir injusticia cada vez que te levantas por la mañana? ¿No deberías sentir la ansiedad de vivir en un país corrupto cuando vas a hacer la compra, al cine o cuando hablas por teléfono con tu madre? Supuestamente el país es corrupto todo el tiempo, ¿no? ¡Es un hecho! Entonces ¿por qué no sientes ansiedad e injusticia todo el tiempo? Qué curioso. Solo sientes ansiedad e injusticia por vivir en una sociedad corrupta cuando usas el pensamiento «Vivo en un país corrupto». (Sergi sonríe.)

Nunca olvidemos cómo funcionamos. Hoy por hoy, mañana quién sabe, el cuerpo humano no tiene la capacidad de sentir hechos o realidades. Tan solo dispone de mecanismos para sentir aquello que mi cerebro piensa acerca de una situación de vida. Insisto. En ningún momento estamos insinuando que no exista una realidad ahí fuera. Solo digo que aquello que sentimos proviene de los pensamientos que usamos. Recuerda la regla del PLAC.

Empezar a vivir cualquier aspecto de la vida con plenitud pasa por atender el problema desde una mirada diferente. Consciente. Actualmente, emplear una mirada integrativa, una mirada externa e interna al mismo tiempo, es una fuente continua de soluciones creativas y nos permite mirar donde todo el mundo mira y ver lo que nadie ve. ¡Y todo por darle un uso distinto a un pensamiento! Por reconocer que un pensamiento nunca fue un hecho. Por descubrir que un pensamiento siempre fue un billete de ida a la raíz del asunto, esperando pacientemente a que hicieras *check in*.

Sergi: ¡Cuánto poder tiene un pensamiento! Y qué poco conocemos ese potencial, ¿verdad? Hasta qué punto afecta el pensamiento a nuestra biología y al mundo que nos rodea es aún un gran misterio para la gran mayoría de los seres humanos. Visto así, David, me atrevo a decir que no es el cuerpo el que enferma o sana; es la mente la que enferma o sana al cuerpo.

Me viene ahora a la cabeza el famoso efecto placebo. Visto desde el prisma que hemos compartido, el efecto placebo es cuestionable. El pensamiento «Al tomar esto me voy a sentir mejor», por ejemplo, sería la causa de los efectos beneficiosos y no, en cambio, el placebo. La mente dictaría la experiencia orgánica, y es que no podemos olvidar que somos conciencia manifestada de manera orgánica.

¿Cuantísimos casos de cambios en un organismo se le otorgaron por ignorancia del efecto placebo? ¿Cómo se llevan a cabo esos cambios si no son generados por el placebo?

David: Hasta el tratamiento más eficaz del mundo «mundial» está sujeto a dos efectos: el efecto del fármaco y el efecto invisible del placebo.[1] De hecho, los laboratorios luchan constantemente por vencerlo, hasta el punto de que la eficacia de un medicamento o una cirugía solo se demuestra si consigue vencer al capitán placebo. Su efecto toca la moral hasta a la morfina.[2] ¿Y esto qué significa? Significa que el tratamiento presenta un efecto debido a la química del medicamento y otro debido al estado mental de la persona que toma el tratamiento.

El estado mental en el efecto placebo clásico depende de la relación con el médico —incluso de si es hombre o mujer—, del lugar en el que se realiza el diagnóstico —en casa o en un hospital—, del envoltorio del medicamento —son más efectivos si se anuncian en televisión—,[3] pero, sobre todo, de las expectativas y creencias personales de cada uno.[4] ¿Y qué es una creencia? Una creencia es un pensamiento que, al utilizarse repetidamente, limita y condiciona el uso de futuras propuestas del intérprete. Unas gafas de sol, vaya. Un filtro.

En cristiano —nunca mejor dicho—: supongamos que Sergi cree en Jesucristo. La creencia «Dios» hace que tu intérprete proponga pensamientos relacionados con la oración si un familiar cercano estira la pata con más probabilidad que si eres ateo.* Tu creencia en un Ser supremo condiciona los pensamientos que tu intérprete propone. Aun así, una creencia es totalmente inofensiva por sí sola. Si yo decido no usar un pensamiento condicionado, por mucho que esté limitado por una creencia, no tendrá ningún efecto sobre mí. Por lo tanto, no es la creencia o el sistema de pensamiento que la sostiene lo que afecta al cuerpo y modifica mi biología, sino los pensamientos que yo decido usar o tirar en cada momento. Ahí está la clave. Una creencia es más inocente que Heidi en una asociación de marihuana. (Risas.)

* Nota a los queridos lectores del otro lado del charco: en España decimos que una persona ha «estirado la pata» o «está más tiesa que la mojama» cuando ha fallecido.

¿Cómo? ¿Entonces las creencias no cambian mi biología? Las creencias filtran las propuestas del intérprete y dan forma a los pensamientos. Pero no es suficiente. Hay que usar la propuesta, es decir, prestarle atención sostenida al pensamiento, para encontrar un efecto biológico palpable. ¡¿Y qué pasa con la teoría del simpático biólogo estadounidense que sugiere que una creencia modifica el ADN?![5] Pues que le estarán pitando los oídos. (Risas. Se cierra una ventana.)

Las consecuencias de esta nueva visión acerca de las creencias humanas para la cotidianidad del coach o del amo de casa son demoledoras. ¿Por qué? Porque nos lleva a dejar en paz a las «creencias limitantes». Ya no tiene sentido cambiarlas, hacerles *bullying* o generar nuevas creencias aparentemente menos limitantes. Mira: para poder cambiar una creencia, primero tengo que creer que existen creencias limitantes. En el mismo momento en el que creo que existen, mis pensamientos pasan a estar condicionados por la creencia «Hay creencias limitantes que me hacen daño». A partir de ese momento, cada propuesta de mi intérprete pasa a estar condicionada. De puntillas y sin darme cuenta, mi conducta se alinea con la misma mentalidad superviviente de la que pretendo librarme destruyendo creencias limitantes. ¡Por eso frustra, y mucho!

Esto es aplicable a cualquier ámbito. En nutrición, por ejemplo. Una creencia popular muy extendida es que los productos lácteos aumentan la producción de moco. Todo sea dicho, para la ciencia no hay conexión entre beber leche y tener más mocos que el almacén de los Cazafantasmas.[6] Si yo me convierto en creyente del «moco lechero», las propuestas de mi intérprete se verán condicionadas por la creencia «Beber leche produce moco». Mi cerebro propondrá pensamientos del tipo «No debes beber leche» o «Mejor toma una bebida de avena», coherentes con dicha creencia. Además, para más inri, pasando por alto que nuestros pensamientos solo son una propuesta neuronal, podemos llegar a defenderlos a capa y espada, acusando de charlatán a toda persona, lugar, animal o cosa que se oponga a la creencia del moco lechero. Aprender cómo funciona nuestra mente y nuestro organismo es más urgente que pagar la hipoteca o llevar a los niños a inglés o a ballet.

La acción de beber leche y usar un pensamiento condicionado por una creencia lleva a mi organismo a experimentar dos efectos distintos: un efecto externo proporcional a las interacciones químicas con el láctico y otro interno construido a base de usar pensamientos condicionados por ser creyente del moco lechero. Igual que ocurre con la enfermedad, solemos confundir síntomas —efecto químico debido a la interacción con la leche— con el efecto de usar pensamientos condicionados por creencias —generar una sensación básica de malestar a base de pensamientos por beber leche.

¿Y cuál es el origen de esta constante confusión? De nuevo, resulta que nuestro sentir básico representa ambos efectos de la misma forma. No hace distinciones. Es como si dos pintores dibujan sobre el mismo lienzo con la misma paleta de colores. Podríamos llegar a distinguir los trazos de cada uno, sí, pero... ¿A que costaría más identificarlos si no sabemos que hay dos pintores diferentes? De ahí la importancia de tomar conciencia de cómo funcionamos y cómo somos.

Cerremos el círculo llevando todas las ideas de vuelta al efecto placebo. No son las creencias lo que potencia un tratamiento o lo merma, sino los pensamientos que decido usar o tirar durante el tratamiento. Diversos grupos de investigación han puesto sobre la mesa que las cosas que pensamos tienen la capacidad de modificar la intensidad del efecto de un medicamento. Desde esta nueva perspectiva, el efecto placebo clásico, tal cual lo conocemos, dejaría de existir. El efecto placebo 2.0 pasaría a ser una experiencia interna. Una experiencia que nos conduce pasito a pasito, pensamiento a pensamiento, a través de nuestros miedos, creencias y propuesta cerebrales. ¿El reto? Reeducar nuestro cerebro.

CONVERSACIÓN 12

La sociedad del presente

La ciencia que nos devuelve a la ignorancia

Sergi: Constantemente, estamos poniendo sobre la mesa la importancia que tiene la autoindagación como herramienta puente de una mentalidad superviviente —temerosa— a una mentalidad presente —viva—. Una autoindagación que desde lo más profundo de nosotros nos propone de forma susurrada una invitación a cruzar los muros de la ignorancia. Un viaje que, aun siendo completamente individual, es al mismo tiempo completamente colectivo. Nada existe fuera de mi mente.

David: Así es. Podemos verlo con claridad en los buscadores espirituales. Durante miles de años, los buscadores espirituales abandonaron sus vidas para perseguir un autoconocimiento que creían alejado de su cotidianidad. Coronaron montañas en la India, se vistieron con togas, afeitaron sus cabezas y habitaron templos. En definitiva, se aislaron de un mundo «tóxico» en busca del camino interior. Seguramente fue un movimiento importante en aquel momento, pero, actualmente, está más desfasado que la Macarena. (Silencio. Carcajadas.)

Sergi: Me acaba de venir a la cabeza el recuerdo de Sri Nisargadatta Maharaj, un gran maestro de la corriente espiritual Advaita.

David: Pensaba que era un integrante de Los del Río.* (Risas.) Perdón.

Sergi: Nisargadatta cuenta que al poco de conocer a su maestro, este murió. Entonces decidió centrarse exclusivamente en lo que su amado maestro le había pedido: atender su sentido del «yo» para liberarse de él. Así que tomó la decisión de dejarlo todo para poder llevar a cabo su cometido. Dejó a su familia, su hogar y el negocio familiar de cigarrillos que tenía en Bombay.

Muy poco tiempo después de esta «valiente» decisión, se encontró con otro discípulo que había seguido a su maestro durante más tiempo que él. Cuando este le preguntó a Nisargadatta qué hacía por allí, él le respondió que lo había abandonado todo para centrarse en atender su sentido del «yo» tal y como su maestro le había pedido. Entonces su amigo le respondió —a modo de colleja— algo así como: «El maestro nunca te pidió eso. Regresa a casa y practica ahí, pues es donde el sentido del yo se hace más obvio».

David: Hoy podemos darle a las palabras del amigo de Nisargadatta un significado neurocientífico. El cerebro humano tiende de forma natural a sincronizarse con los demás cerebros. La sincronía altera la actividad de los cerebros implicados. Los hace bailar al mismo son y funcionar de manera única, abriendo la puerta a nuevos espacios de la mente. El acceso a estos espacios mentales se complica si vivimos aislados en la montaña porque no existe cerebro con el que resonar —aunque digamos «Námaste» sin saber muy bien qué diantres significa o llevemos camisas de cuello mao—. Disponemos de un sistema neuronal capaz de expandir la

* El dúo español Los del Río dieron el pelotazo con la *Macarena* —«dale a tu cuerpo alegría, Macarena, que tu cuerpo es pa' darle alegría y cosa buena»—. Actualmente, lidera el ranking de las canciones latinas más exitosas según la revista estadounidense *Billboard*, y hasta Bill Clinton se pegó unos bailoteos.

mente de forma natural, ecológica, sin aditivos ni procesados, mediante el cerebro de los demás. Es una pena desperdiciarlo.

En este preciso momento, Sergi, nuestras cortezas prefrontales están sincronizadas de forma única. Genuina. Nunca antes funcionaron de esta manera. Tu cerebro y el mío están creando una actividad neuronal singular, un acceso directo a nuevos espacios de la mente.

La sincronía cerebral tiene la capacidad de reescribir el concepto de empatía. Desde esta perspectiva, la empatía deja de ser una acción para convertirse en un gesto que va mucho más allá de ponerse en la piel o en los zapatos del otro. Empatizar es permitir que de nuestro encuentro surja algo mucho más grande e increíble que nosotros mismos. Un encuentro donde el resultado es más que la suma de sus partes. Es, Sergi, el gesto de ofrecerte mi cerebro y tú ofrecerme el tuyo para crear algo genuino. Algo que va mucho más allá de nuestra personalidad individual. Empatizar es integrar un aspecto de tu mente a través del cerebro del otro.

La empatía no se limita a las neuronas espejo o a la teoría de la mente. Para los que anden pez en el tema, las neuronas espejo son el buque insignia de la empatía clásica por excelencia. Ahora bien, las personas que padecen insensibilidad congénita al dolor —una extraña enfermedad que les incapacita para activar con normalidad sus neuronas espejo—[1] insinúan que se puede empatizar con el sufrimiento de los demás sin activar este tipo de neuronas gracias a la sincronía cerebral —hipótesis al canto—. La empatía clásica no depende en exclusiva de los movimientos, los músculos de la cara o las neuronas espejo, sino que está relacionada con la atribución de pensamientos y emociones a los demás —con la bata blanca puesta hablaríamos de inferencia mental y realismo afectivo.

La humanidad nos completa. Aislados del mundo no podemos conocer nuestra mente en su totalidad. Cualquier persona, hasta ese vecino que saludas todas las mañanas con desgana —a veces somos más falsos que el bronceado de Trump— o el actor Michael Schneider —existen mosquitos con más sangre que sus personajes—, incluso ellos, nos ofrecen la oportunidad de explorar nuevos aspectos de la mente. De ahí el valor de lo social. De ahí que los buscadores y las buscadoras espirituales de hoy en día lleven traje, trabajen en Google y sean adictos a las redes sociales.

Sería interesantísimo diseñar un estudio para averiguar si las redes sociales promueven la sincronía cerebral o si, por el contrario, somos marionetas dirigidas por los circuitos de la adicción.

Sergi: Es como tener un dispositivo *bluetooth* biológico invisible que estuviera conectando las ideas que los dos estamos pensando. En mi experiencia, dicha conexión de ideas no está ocasionada por las ideas propiamente, sino por su frecuencia —su calidad—. De ahí que dos personas de ideas radicales contrarias —dos seguidores radicales de dos equipos de fútbol rivales— se unen en la radicalidad de sus ideas —calidad— y no en las ideas que parecen ser diametralmente opuestas. Al compartir la misma mentalidad, terminarían insultándose de igual manera e, incluso, comportándose de igual forma agresiva la una con la otra. Podríamos decir que sintonizaron el mismo canal con el mismo ancho de banda o, en este caso, me atrevería a decir con el mismo «estrecho» de banda. David, ¿se ha demostrado si los pensamientos tienen su propia frecuencia?

Si eso fuese así, si yo emitiera en una frecuencia de mentalidad presente, ¿estaría facilitando, por el «efecto *bluetooth*», que otros sintonicen con esa mentalidad? O por el contrario, si yo emitiera en frecuencia temerosa y superviviente, ¿podría ser, por la misma razón, que promoviera ese tipo de mentalidad vía *bluetooth*? Este efecto *bluetooth* podría haber llevado a muchas personas, guiadas por sus miedos, a huir de sus cotidianidades en busca de su presencia aislándose en montañas y cuevas.

Es importante detallar aquí que cuando una persona se realiza —conecta plenamente con su presencia— descubre su naturalidad. Dicha naturalidad llevó a algunas personas a dejar sus cotidianidades de lado y asentarse en montañas o cuevas. Este proceso sería muy similar al que las aves migratorias realizan cuando inician su viaje migratorio. En dicho proceso no existe, como sí existió en los inicios de la autoindagación de Nisargadatta, un proceso cognitivo involucrado que lleve a estas aves viajeras a tomar dicha decisión. La decisión emerge de más allá de los confines de la personalidad. Me viene a la cabeza el bello Sri Ramana Maharshi —maestro hindú y gran divulgador de la autoindagación—, que, una vez que descubrió su unidad con el universo, se sintió llamado de forma natural a residir en el monte Arunachala. Ramana no fue al monte en busca de nada, fue porque lo había encontrado todo.

Me pregunto también, David, si el rango de alcance de la frecuencia de la mente presente es más estable y amplio que el de la mentalidad superviviente. En mi experiencia así es. Si fuese tal y como sucede a través de mi personalidad, una persona de mente presente propondría invisiblemente a muchas personas —vía *bluetooth*— dicha posibilidad. En cambio, la propuesta *bluetooth* de una persona de mentalidad superviviente tendría menos potencia y no alcanzaría a tantas personas.

Quizá por esta razón, una persona de mente presente no siente la necesidad de ser escuchada, y una persona de mentalidad superviviente sí suele sentir esa necesidad. Quizá sea también por eso por lo que un discurso basado en el miedo deba ser repetido constantemente por todos los medios de comunicación para terminar calando en la mentalidad temerosa de un gran número de personas.

Si esto es así, David, la propuesta que tú haces acerca del pensamiento útil —usar o tirar—, esto tan simple, nos ayudaría a empezar a convertirnos en antenas emisoras de un nuevo organismo en primer lugar y, consecuentemente, de una nueva sociedad. Cada uno de nosotros pasaríamos a ser células de un organismo llamado «sociedad humana».

David: La sociedad es una vasta red de cerebros más o menos conectados entre sí que, a día de hoy, nadie ha estudiado. Con la técnica del hiperescáner podemos medir la actividad cerebral de una comunidad o de una empresa, incluso extrapolar el resultado a una población, y comprobar si los habitantes de lugares más ricos y felices tienen mayor facilidad para sincronizar sus cerebros entre sí que los habitantes de zonas más pobres y corruptas. En ello estamos. Mientras conversamos, se está llevando a cabo un experimento mundial que pretende trazar un mapa de lo que piensa y siente el mundo en <www.howtheworldfeels.com>. El estudio servirá como punto de partida para explorar el «cerebro social», dando un giro a la forma actual de ver la pobreza y la riqueza. ¿Y qué relación puede existir entre felicidad, riqueza y sincronía cerebral?

Hace un tiempo comparé los datos estadísticos acerca de la confianza, la honestidad, la riqueza y la felicidad de diferentes ciudades. Con «confianza» me refiero a la tranquilidad de un comerciante en que su cliente pague o a la despreocupación de una persona que va al banco y sabe que su asesor no va a venderle un seguro que no necesita a cambio de una suculenta comisión. Por otro lado, la honestidad viene a simbolizar el Índice de Percepción de Corrupción de un país dado —el grado de corrupción en el sector público según la percepción de empresarios y analistas—. Puesto que la deshonestidad y la corrupción están estrechamente relacionadas, para simplificar, asumiremos que un país con un sector público poco corrupto es un país más honesto.

Por otra parte, la felicidad simboliza el Índice Global de la Felicidad. Cada año, la Organización de Naciones Unidas elabora un informe basado en la Encuesta Mundial de Gallup. Mientras que la renta per cápita daría cuentas de la riqueza de un país, el PIB nos da una idea del capital de un país. Concretamente, el Producto Interior Bruto es un indicador macroeconómico que tiene en cuenta la riqueza producida por un país en un período de tiempo. Si dividimos esa riqueza por el número de habitantes, obtendremos la renta per cápita —cantidad de dinero por cabeza, suponiendo que esté repartido equitativamente.

PAÍS	CONFIANZA	HONESTIDAD	RANKING FELICIDAD	ECONOMÍA RENTA PER CÁPITA NOMINAL (USD)
HOLANDA	66	83	4	52.157
SUECIA	64	87	5	59.180
AUSTRALIA	54	80	10	62.328
NUEVA ZELANDA	56	91	13	44.561
EE. UU.	38	78	17	54.697
ALEMANIA	42	79	26	48.043
SINGAPUR	39	84	30	56.957
ESPAÑA	19	60	38	29.623
JAPÓN	36	76	43	38.109
ESLOVENIA	20	58	44	24.202
POLONIA	22	61	51	14.345
MALASIA	9	52	56	11.184
KAZAJISTÁN	39	29	57	12.807

PAÍS	CONFIANZA	HONESTIDAD	RANKING FELICIDAD	ECONOMÍA RENTA PER CÁPITA NOMINAL (USD)
BIELORRUSIA	33	31	66	8.319
RUSIA	24	27	68	14.126
JORDANIA	13	49	74	4.067
TURQUÍA	12	45	77	12.127
LIBIA	11	18	78	6.632
NIGERIA	15	27	82	3.222
GHANA	5	48	86	1.988
UCRANIA	23	26	87	3.105
FILIPINAS	2	38	92	2.843
CHINA	62	36	93	7.684
SUDÁFRICA	24	44	96	6.429
MARRUECOS	12	39	99	3.155
ZIMBABUE	7	21	103	1.265
TÚNEZ	15	40	104	4.274
INDIA	33	38	111	1.576
ARMENIA	10	37	128	3.995
YEMEN	38	19	142	1.647
RUANDA	16	49	152	707

Para los más cotillas: puedes encontrar los indicadores de confianza en el World Values Survey,[2] los índices de corrupción en la web de Transparency Internacional[3] y el ranking de felicidad en los informes de Naciones Unidas.[4] Dado que en ciencia siempre necesitamos «algo con qué comparar», los índices de felicidad de los países se contrastan con un país imaginario llamado Dystopia. Dystopia es el lugar más infeliz del mundo. De este modo, cualquier país real que podamos visitar será más feliz que Dystopia y tendrá una puntuación superior.

Con este curso básico e improvisado de economía, podemos ver un patrón. En la tabla anterior, los países con mejores puntuaciones de confianza y honestidad son, en general, países más ricos y felices. Y donde hay patrón no manda marinero. (Risas.) Los datos hablan alto y claro. Sé que, bajo la recelosa mirada de una mentalidad superviviente, confianza y honestidad parecen una consecuencia de riqueza y felicidad. Sin embargo, aquello que vemos desde los ojos de una mentalidad superviviente puede no ser real.

Sobre la premisa del dólar hemos construido una sociedad superviviente: «la sociedad del bienestar». Una sociedad inspirada en la Grecia clásica donde en una población de 150.000 habitantes el 80 % eran esclavos y el 20 % ciudadanos.[5] Pero existen otras alternativas. Desde una mentalidad presente, fruto de alinear nuestro comportamiento con el modo de funcionar del organismo, florece un nuevo modelo de sociedad que funciona justo al revés. Un modelo donde la ciencia no se usa para tener razón. Un modelo donde confianza-honestidad impulsan la economía, la riqueza y la sincronía cerebral. Un nuevo modelo de estado. Una nueva sociedad: la sociedad del presente.

La sociedad del presente ve en la mente y el cerebro de sus habitantes el bien más preciado de un país. La sociedad del presente sabe que, para mejorar la economía de una región o la felicidad de sus habitantes —más allá de activar políticas de globalización que ofrezcan una mercancía suculenta en el mercado global—, debe promover la sincronía cerebral en las escuelas, en los puestos de trabajo o en las relaciones humanas. El nuevo modelo de sociedad basado en el presente sabe que la educación urge más a los mayores que a los niños.

¿Y cómo promover la sincronía cerebral en el mundo en que vivimos? Aprender cómo funcionamos instaura la confianza y la honestidad en nuestras vidas. El peligro constante cesa. La mentalidad presente florece. La cooperación, la empatía, el altruismo, la creatividad o el perdón se extienden de manera natural en todas direcciones. No hay otro camino. La revolución mundial que tantas personas buscamos tiene como estandarte la confianza y la honestidad.

Cada vez que nos relacionamos con alguien usando una personalidad superviviente, cada vez que tratamos de obtener un beneficio propio o de protegernos de lo ajeno, tenemos miedo. Cada vez que tememos, desconectamos el *bluetooth*. Nos desintonizamos. Vivimos solos entre un millón de personas. A pesar de todo, existe una nueva sociedad basada en el presente y en la ciencia que nos permite volver a conectar con la vida. Solo hay que introducir la contraseña de red: «confianza y honestidad».

Tal vez alguien se pregunte, de nuevo, qué es «confiar». Confiar es dejar de negociar con la vida. Confiar es reconocer nuestra ignorancia. Confiar es entender que la personalidad no es más que un popurrí de creencias ajeno a la vida sin ningún poder sobre mí o sobre ti, ya que podemos dejar de usar cualquier pensamiento ahora. Confiar es poder seguir siendo quienes creemos que somos y no limitarnos con ello. ¿Y por dónde empezamos? Dejando de usar un pensamiento inútil como, por ejemplo, «Los políticos son unos ladrones». Solo uno. No importa si un pensamiento parece verdad o mentira. La importancia radica en si un pensamiento es útil o inútil para vivir este momento, y la sensación básica es la brújula que nos informa acerca de la utilidad de los pensamientos.

Cambiemos el chip. La mentalidad presente no usa pensamientos a partir de su aparente veracidad o falsedad. La mentalidad presente se centra en la utilidad de las propuestas del intérprete. Este pequeño giro tiene el potencial de alinear nuestra conducta con la forma de funcionar de la mente y el organismo, impulsando la mentalidad del presente.

Sergi: De nuevo la conciencia aparece como la puerta de entrada de la fuente de vida de nuestro organismo. Cuando tu atención y la conciencia se encuentran, el autoconocimiento emerge. Eres libre de las necesidades. Una vez que la consciencia personal es libre de las necesidades, la esencia del ser se extiende libremente en todos los ámbitos humanos conocidos —sexo, alimentación, descanso, amistades, empleo, éxito…—. Todo se convierte en algo simple basado en la existencia del ser que acoge la personalidad, completando así sus necesidades.

Esto se convertiría en un planteamiento distinto al que Abraham Maslow —psicólogo humanista estadounidense— propone en su teoría de las necesidades o motivaciones. Maslow clasifica las necesidades humanas de forma piramidal, situando las más básicas y elementales —fisiológicas— en los estratos más básicos. Su propuesta nos dice que cuando las necesidades básicas están satisfechas, entonces aparecen otras más «elevadas» —familia, recursos, empleo o amistades—. De esta forma, Maslow propone una teoría donde la autorrealización terminaría siendo la consecución de la satisfacción de las necesidades ordenadas por debajo de esta.

La propuesta piramidal de Maslow parece convertir la enfermedad en un impedimento a la autorrealización. Sin embargo, si se nos permite la arrogancia, lo que proponemos ahora convierte la pirámide en una especie de rosco al incluir la enfermedad como motor de autorrealización. En este rosco encontraríamos situado en su centro —la parte del rosco que no contiene rosco—, el autoconocimiento o la autorrealización. En el resto del rosco encontraríamos todas las necesidades orbitando alrededor de su centro.

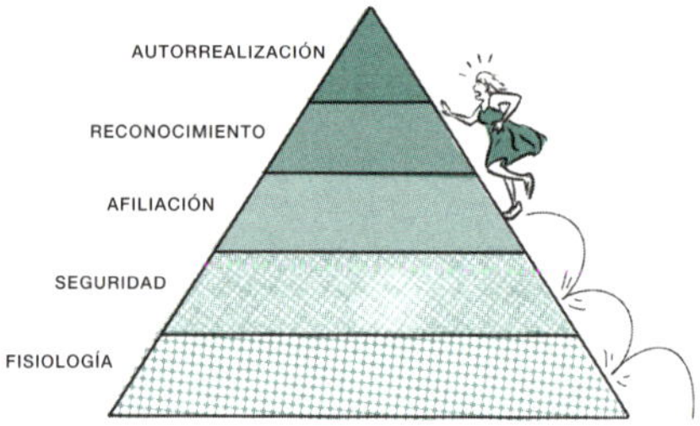

PIRÁMIDE DE MASLOW

Debo confesar que soy fan de la pirámide de Maslow, solo que, al mirarla, en lugar de ver una pirámide, veo un toroide. Así que la visión toroidal no es mejor que la piramidal sino que supone una perspectiva distinta. Verás que esta no es lineal y que las necesidades descritas por Maslow se mueven por igual alrededor del campo de consciencia de la persona, sin jerarquías, relacionándose las unas con las otras. De ahí que puedas atender a una necesidad en concreto y estar atendiendo al resto de ellas simultáneamente. De ahí, también, que puedas realizarte sin la necesidad de haber cubierto previamente todas las demás necesidades.

¿Y si todo lo que hemos dado por hecho estuviera visto del revés? ¿Y si nuestras necesidades se cubren realmente una vez reconocido nuestro ser más profundo? ¿Y si nuestra manera de vernos como personas separadas las unas de las otras fuera solo una percepción errónea de una realidad universal en la que todos somos fruto de la misma «cosa»? ¿Y si la enfermedad no es un acontecimiento despreciable sino un simple indicador que nos estaría dando la oportunidad de ahondar en nosotros? ¿Y si realmente el cuerpo se adaptase al modus mental en el que uno se encuentra: presencia o supervivencia? ¿Y si pudiéramos usar la vida para descubrir la forma de vivirla presenciándola —presente— en lugar de temiéndola —supervivencia—? Si esto es así, la capacidad de elegir nuestro modus mental va a determinar no solo lo que pensamos y sentimos, sino también nuestra relación cognitiva con el cuerpo y, por ende, su biología y, más interesante aún, su fisiología. El cuerpo es la parte material, orgánica de la mente —el pensamiento que nosotros tenemos de nosotros mismos como imagen corpórea.

Soy muy consciente de que en el momento en el que accedamos a este rango de comprensión, veremos al ser humano de otra manera completamente distinta. El cuerpo ocupará un lugar secundario, y la conciencia será reconocida como nuestra identidad individual conectada a un rango universal de pensamientos y posibilidades. Esto, David, me lleva al punto final de mi viaje: mi ignorancia.

Soy muy consciente de mi ignorancia. Sé que desconozco incluso cuánto llego a desconocer. La ignorancia me sitúa, de nuevo, en este instante presente. Desnudo de presunciones y pretensiones. De falsas certezas intelectuales. Sin embargo, el misterio continúa en pie. El misterio a través del cual Sergi Torres o David del Rosario aparecen a cada instante en mi mente.

El caso de Derek Amato pone voz a mi ignorancia y al mismo tiempo a las infinitas posibilidades del ser humano. Este hombre de aspecto corriente estaba un día en una reunión de amigos, la típica reunión de película estadounidense con barbacoa, piscina, hamburguesas, colegas y demás. De repente ocurrió algo inesperado. Se lanzó a la piscina para alcanzar al vuelo un balón de fútbol americano y se golpeó fuertemente la cabeza con una estructura metálica que no vio al saltar. Ya en el hospital, una vez que los médicos vieron que no sangraba, le dieron el alta. Los siguientes cuatro días se dedicó a dormir. Al cuarto día, despertó y se sintió atraído por un piano que había en la casa donde vivía.

Sin que supiera tocar el piano previamente, de hecho sin ningún tipo de conocimiento musical, las manos de Derek empezaron a deslizarse por el teclado para hacer sonar una melodía como si fuera un experto pianista. «No recuerdo vivirlo en *shock*. Más bien sabía que algo profundo estaba sucediendo», cuenta Derek sobre ese momento. Sus amigos y familiares, aún hoy en día, no comprenden de dónde surgió ese talento. Pero sí saben que Derek nunca había tocado el piano hasta ese día.

Lo que solo algunas personas alcanzan con muchas horas de estudio y práctica, amaneció en Derek después de una fuerte contusión en la cabeza. Su «accidente» despertó una capacidad que de buen seguro había vivido dormida en él durante toda su vida. ¿De dónde surge su talento? ¿Tendremos todos capacidades inimaginables que viven dormidas en nosotros? ¿Serán los momentos que nos empujan más allá de nuestros límites, y a los que tanto tememos, una manera de despertar partes de nosotros que aún desconocemos?

Su contusión también conllevó pérdida de memoria, pérdida de un porcentaje de audición y una gran sensibilidad a la luz y al sonido. En algunas ocasiones se siente tan expuesto a ellos que llega a colapsar y se desmaya. Derek explica que sigue sin saber música. Ve la música en forma de cubos de color blanco y negro que giran alrededor de su cabeza. Cada cubo —según él— puede llegar a contener varias notas musicales. «Los cubos les dicen a mis dedos qué notas tocar, pero no sé qué es un do menor», cuenta Derek.

Para terminar, David, me quedo con la reflexión que el mismo Derek nos lanza: «Mis habilidades insisten en que reconsideremos lo que realmente es posible».

David: Derek nos recuerda que cualquier experiencia está diseñada para descubrir que no tenemos ni idea de nada. Experimentos científicos incluidos. Los verdaderos experimentos te acompañan de vuelta a la ignorancia. Los verdaderos experimentos son aquellos que demuestran que siempre estuvimos equivocados, no los que afianzan nuestras opiniones o aquello que creemos saber. El cerebro deja de ver cuando cree saber. Y solo el que no sabe mira.

El caso del guitarrista de jazz Pat Martino es otro billete de vuelta a la ignorancia. Su carrera fue meteórica. Con dieciocho años se convirtió en un icono del jazz y a los veinte firmó un contrato con Prestige Records —el sello de Miles Davis y otros monstruos de la música—. Contra todo pronóstico, su carrera se vio truncada de forma inesperada. A los treinta y dos años empezó a padecer fuertes dolores de cabeza, crisis de ansiedad, trastornos emocionales, manía y depresiones frecuentes. Lo mismo subía a un escenario y enchufaba su guitarra eléctrica a un amplificador, que esperaba en una sala psiquiátrica y enchufaban su cerebro a unos electrodos para someterse a terapia electroconvulsiva. Esta técnica frankeinsteniana consiste en anestesiar a la persona para propiciar pequeñas corrientes eléctricas a su sesera, dando lugar a breves convulsiones. ¿Y para qué? La idea es generar cambios a nivel neuroquímico que pueden revertir los síntomas de algunas enfermedades mentales como la depresión.[6] La terapia electroconvulsiva se utiliza cuando no queda otra alternativa, y no funciona en todas las personas.

En un hospital de Los Ángeles se le realizó su primer TAC. El neurorradiólogo vio con nitidez en la pantalla del ordenador una malformación arteriovenosa en la azotea de Pat. La maraña sangrante de venas y arterias se localizaba en el lóbulo temporal izquierdo —la porción cerebral que cubrirías si pones la mano izquierda sobre la oreja con los dedos mirando a la nuca—. Tras dos operaciones, el 70 % de su lóbulo temporal izquierdo quedó más hecho polvo que Will Smith en *Hancock*. Una catástrofe. El daño fue extenso. La lesión incluía la totalidad del área del polo temporal, los alrededores del hipocampo —corteza entorrinal, perirhinal y parahipocampal— y la amígdala.[7] Tras un posoperatorio tranquilo y sin incidentes, Pat fue dado de alta con una profunda amnesia retrógrada. No recordaba nada desde que nació hasta el momento de la operación. Sus habilidades musicales se esfumaron por completo. Era incapaz de tocar una sola nota, recordar su nombre o a su mujer lo cual puede llegar a tener ciertas ventajas.

Con la paciencia de un santo fue reconciliándose con su pasado a base de fotografías, encuentros con amigos y sus propios discos de música. Alentado por su padre, de nuevo, Pat aprendió a tocar la guitarra. El cerebro del músico mostró en los controles médicos una asombrosa capacidad de reorganización, una especie de «solidaridad neuronal», donde numerosas redes celulares asumieron las funciones de neuronas que ya no existían. No es un caso aislado.[8] Existe evidencia de que, incluso sin hipocampo —una estructura que cruza infinidad de redes neuronales protagonistas en el aprendizaje o la memoria—, podemos aprender secuencias musicales nuevas gracias a que estructuras vecinas asumen en parte su función.[9]

En 1987 lanzó su álbum *The Return* y, actualmente, ha regresado a la primera línea de la escena musical del jazz a nivel mundial. Pat Martino reconoce que ya no se esfuerza por recordar el pasado. Considera la amnesia una especie de «bendición», una situación ventajosa que le permite vivir en el «aquí y ahora».[10]

El doctor Alexander —hablamos de él en la conversación 10—, Derek, cada paciente que ha remitido una enfermedad contra todo pronóstico, o el mismísimo Pat Martino, nos descubren la «biología del presente»: una serie de procesos biológicos, fisiológicos, neurológicos y mentales en gran medida desconocidos, capaces de transformar la enfermedad en una experiencia completamente nueva. Pat nos regala una de las claves: «Vivir el presente». ¿Y qué significa vivir el presente? ¿Que no me afecte lo que pasará mañana? No. Vivir el presente significa alinear nuestro comportamiento con la forma de funcionar de la mente, del organismo, del universo y de la vida.

Puede que muchas personas vean la biología del presente como algo excepcional. Incluso puede que otras la vean como un milagro. Poco importa. Después de conversar durante tres días, Sergi, veo abrirse ante nosotros una maravillosa posibilidad: la posibilidad de que un milagro sea tan solo la forma que toma la ciencia todavía incomprendida. Una ciencia que, lejos de querer tener razón, nos devuelve a cada instante a la ignorancia.

REFERENCIAS

CONVERSACIÓN 1
El gato con botas y la biología de la supervivencia
Del miedo a la confianza

1. Fox, G. E., y otros (1980). «The Phylogeny of Prokaryotes.» *Science*. Vol. 209. Págs. 457-463.

2. Lodato, M. A., y otros (2015). «Somatic mutation in single human neurons tracks developmental and transcriptional history.» *Science*. Vol. 350(6256). Págs. 94-98. / Makin, S. (2018). «No existen dos neuronas genéticamente idénticas.» *Mente y Cerebro*. Vol. 92. Págs. 46-48.

3. Moscoso, M. (2009). «From the mind to the cell: the impact of stress on psiconeuroimmunoendocrinology.» *Liberabit*. Vol. 15(2). Pág. 143-152. / Cunliffe, V. T. (2016). «The epigenetic impacts of social stress: how does social adversity become biologically embedded?» *Epigenomics*. Vol. 8(12). Págs. 1653-1669.

4. Cannon, W. (1932). *Wisdom of the Body*. W. W. Norton & Company, Nueva York.

5. Janak, P. H., y Tye, K. M. (2015). «From circuits to behaviour in the amygdala.» *Nature*. Vol. 517(7534). Págs. 284-292.

6. Sapolsky, R. M. (2013). *¿Por qué las cebras no tienen úlcera? La guía del estrés.* Madrid, Editorial Alianza.

7. Vidal, V. (2019). *El estrés laboral.* Zaragoza, Prensas de la Universidad de Zaragoza.

8. Covarrubias-Gómez, A., y otros (2005). «Evaluación del sueño en el dolor crónico no maligno.» *Revista Mexicana de Anestesiología.* Vol. 28. Págs. 130-138. / Bassols, A., y otros (2003). *El dolor de espalda en la población catalana. Prevalencia, características y conducta terapéutica.* Gaceta Sanitaria. Vol. 17. Págs. 97-107.

9. González-Rendón, C., y Moreno-Monsiváis, M. G. (2007). «Manejo del dolor crónico y limitación en las actividades de la vida diaria.» *Rev. Soc. Esp. Dolor.* Vol. 6. Págs. 422-427.

10. Varma, A. V., y otros (2016). «Congenital insensitivity to pain and anhidrosis: Case report and review of findings along neuro-immune axis in the disorder.» *Journal of the Neurological Sciences.* Vol. 370. Págs. 201-210.

11. Thompson, J. M., y Neugebauer, V. (2019). «Cortico-limbic pain mechanisms.» Neuro*science Letters.* Vol. 702. Págs. 15-23.

12. Ploghaus, A., y otros. (2000) «Learning about pain: The neural substrate of the prediction error for aversive events.» *Proceedings of the National Academy of Sciences* (PNAS). Vol. 97(16). Págs. 9281-9286.

13. Rial, A. (2016). *Repensar el cerebro.* Valencia, Publicacions de la Universitat de València. Págs. 71-72.

14. Baumgartner, T., y otros (2018). «Oxytocin shapes the neural circuitry of trust and trust adaptation in humans.» *Neuron.* Vol. 58(4). Págs. 639-650.

CONVERSACIÓN 2
El melocotón que quiere ser manzana
La personalidad y la desaparición de tu universo

1. Marciani, L., y otros (2006). «Improved methods for fMRI studies of combined taste and aroma stimuli.» *Journal of Neuroscience Methods.* Vol. 158(2). Págs. 186-194.

2. Plassmann, H., y otros (2008). «Marketing actions can modulate neural representations of experienced pleasantness.» *PNAS.* Vol. 105(3). Págs. 1050-1054.

3. Wu, L., y Barsalou, L. W. (2009). «Perceptual simulation in conceptual combination: Evidence from property generation.» *Acta Psychologica.* Vol. 132(2). Págs. 173-189.

4. Moser, E. I. (2014). «Grid cells and cortical representation.» *Nature Reviews Neuroscience.* Vol. 12(7). Págs. 466-481.

CONVERSACIÓN 3
Einstein viajaba en el *Halcón Milenario*
Cuando el tiempo y el espacio son solo una ilusión

1. Rammsayer, T., 2009. «Effects of pharmacologically induced dopamine-receptorstimulation on human temporal information processing.» *Neuroquantology.* Vol. 7(1). Págs. 103-113.

2. Honma, M., y otros (2015). «Mental time dysfunction in Parkinson's and Alzheimer's diseases.» *Brain Nerve.* Vol. 67(3). Págs. 297-302. / Honma, M., y otros (2016). «Dysfunctional counting of mental time in Parkinson's disease.» *Nature. Scientific Reports.* Vol. 6. Artículo: 25421.

3. Rubia, K., y Smith, A. (2004). «The neural correlates of cog-

nitive time management: a review.» *Acta Neurobiologiae Experimentalis.* Vol. 64(3). Págs. 329-340. / Paton, J. J., y Buonomano, D. V. (2018). «The neural basis of timing: distributed mechanisms for diverse functions.» *Neuron Review.* Vol. 98(4). Págs. 687-705.

CONVERSACIÓN 4
Ludwig van Arquímedes
Las esferas de conocimiento, el cerebro universal y la creatividad

1. Spelke, E. S. (1991). «Physical knowledge in infancy: Reflections on Piaget's theory.» En S. Carey & R. Gelman (eds.), *The Jean Piaget Symposium Series. The Epigenesis of Mind: Essays on Biology and Cognition.* Págs. 133-169. Hillsdale, Nueva Jersey, Lawrence Erlbaum Associates, Inc.

2. Bower, T. G. R. (1989). *A series of books in psychology. The rational infant: Learning in infancy.* Nueva York, W. H. Freeman/ Times Books/Henry Holt & Co. / Flom, R., y otros (2009). «Infants' intermodal perception of canine (*Canis familiaris*) facial expressions and vocalizations.» *Developmental Psychology.* Vol. 45(4). Págs. 1143-1151.

3. Pillemer, D. B., y White, S. H. (1989). «Childhood Events Recalled by Children and Adults.» *Advances in Child Development and Behavior.* Vol. 21. Págs. 297-340.

4. Amsel, E. (2011). «Hypothetical Thinking in Adolescence: Its Nature, Development, and Applications.» En E. Amsel & J. Smetana (eds.), *Adolescent Vulnerabilities and Opportunities: Developmental and Constructivist Perspectives (Interdisciplinary Approaches to Knowledge and Development).* Págs. 86-114. Cambridge, Cambridge University Press.

5. Del Rosario, D. (2019). *El libro que tu cerebro no quiere leer*. Madrid, Urano.

6. Beaty, R. E., y otros (2015). «Default and executive network coupling supports creative idea production.» *Scientific Reports*. Vol. 5. Artículo: 10964.

7. Petersen, S. E., y Posner, M. I. (2012). «The attention system of the human brain: 20 years after.» *Annual Reviews of Neuroscience*. Vol. 35. Págs. 73-89.

CONVERSACIÓN 5
Algo pasa con Soledad
De la culpa a la responsabilidad

1. McNicholas, N. y otros (2018). «2017 McDonald diagnostic criteria: A review of the evidence.» *Multiple Sclerosis and Related Disorders*. Vol. 24, Págs. 48-54.

2. Berk L. S., y otros (2001). «Modulation of neuroimmune parameters during the eustress of humor-associated mirthful laughter.» *Altern Ther Health Med*. Vol. 7(2). Págs. 62-72, 74-66.

3. Thacker, E. L., y otros (2007). «Temporal relationship between cigarette smoking and risk of Parkinson disease.» *Neurology*. Vol. 68(10). Págs. 764-768.

4. Warren, G. W., y Cummings, K. M. (2013). «Tobacco and Lung Cancer: Risks, Trends, and Outcomes in Patients with Cancer.» *ASCO Educational Meeting*. Doi: <10.1200/EdBook_AM.2013.33.359>

5. De Boer, A., y otros (2012). «Love is more than just a kiss: a neurobiological perspective on love and affection.» *Neuroscience*. Vol. 201. Págs. 114-124.

6. Rico, L. A., y otros (2016). «Loneliness, Social Networks, and Health: A Cross-Sectional Study in Three Countries.» *PLoS*

ONE. Vol 11(1). / Holt-Lunstad, J., y otros (2010). «Social relationships and mortality risk: a meta-analytic review.» *PLoS Med*. Vol. 7(7). Ref.: e1000316-e1000316.

CONVERSACIÓN 6
Dolly y la mujer de Hulk
Escuchando cómo piensa el universo

1. Takahashi, K., y otros (2006). «Induction of Pluripotent Stem Cells from Mouse Embryonic and Adult Fibroblast Cultures by Defined Factors.» *Cell*. Vol. 126(4). Págs. 663-676.
2. Vedhara, K., y otros (2014). «Personality and gene expression: Do individual differences exist in the leukocyte transcriptome?» *Psychoneuroendocrinology*. Vol. 52. Págs. 72-82.
3. Tsuchimine, S., y otros (2015). «ABO blood type and personality traits in healthy Japanese subjects.» *PLoS One*. Vol. 10(5). Ref.: e0126983.
4. D'Acquisto, F. (2017). «Affective immunology: where emotions and the immune response converge.» *Dialogues in clinical neuroscience*. Vol. 19(1). Págs. 9-19.
5. Campbell, K. H., y otros (1996). «Sheep cloned by nuclear transfer from a cultured cell line.» *Nature*. Vol. 380. Págs. 64-66.
6. Kazutoshi, T., y otros (2007). «Induction of Pluripotent Stem Cells from Adult Human Fibroblasts by Defined Factors.» *Cell*. Vol. 131(5). Págs. 861-872.
7. Liu, Z., y otros (2018). «Cloning of Macaque Monkeys by Somatic Cell Nuclear Transfer Cell.» *Cell*. Vol. 172(4). Págs. 881-887.
8. Blanke, O., y otros (2004). «Out-of-body experience and autoscopy of neurological origin.» *Brain*. Vol. 127(2). Págs. 243-258.

CONVERSACIÓN 7
Anticuerpos para no sentir
Cómo alinear tu comportamiento con la forma de funcionar de la mente, el organismo y el universo

1. Gazzaniga, M., y otros (2014). *Cognitive Neuroscience. The Biology of the Mind.* Nueva York, W. W. Norton & Co. Pág. 153.

2. Ulrich, R., y otros (2006). «Perceived duration of expected and unexpected stimuli.» *Psychological Research.* Vol. 70(2). Págs. 77-87.

CONVERSACIÓN 8
Poniendo voz a tu honestidad
Tus emociones son únicas: no son innatas ni universales

1. Barrett, L. F. (2006). «Solving the emotion paradox: Categorization and the experience of emotion.» *Personality and Social Psychology Review.* Vol. 10. Págs. 20-46.

2. Russell, J. A. (1980). «A circumplex model of effect.» *Journal of Personality and Social Psychology.* Vol. 39. Págs. 1161–1178.

3. Barrett, L. F., y otros (2011). «Context in emotion perception.» *Current Directions in Psychological Science.* Vol. 20(5). Págs. 286-290. / Barrett, L. F. (2006). «Are Emotions Natural Kinds?» *Perspectives on Psychological Science.* Vol. 1(1). Págs. 28-58. / Widen, S. C. y Russell, J. A. (2008). «Children acquire emotion categories gradually.» *Cognitive Development.* Vol. 23(2). Págs. 291-312.

4. Widen, S. C., y otros (2011). «Do proposed facial expres-

sions of contempt, shame, embarrassment, and compassion communicate the predicted emotion?» *Cognition & Emotion.* Vol. 25(5). Págs. 898-906.

5. Ekman, P., y otros (1969). «Pan-Cultural Elements in Facial Displays of Emotion.» *Science.* Vol. 164(3875). Págs. 86-88. / Ekman, P., y otros (1987). «Universals and cultural differences in the judgments of facial expressions of emotion.» *Journal of Personality and Social Psychology.* Vol. 53(4). Págs. 712-717.

6. Lindquist, K. A., y otros (2006). «Language and the perception of emotion.» *Emotion.* Vol. 6(1). Págs. 125-138.

7. Lindquist, K. A., y otros (2013). «The hundred-year emotion war: are emotions natural kinds or psychological constructions? Comment on Lench, Flores, and Bench (2011).» *Psychological Bulletin.* Vol. 139(1). Págs. 255-263. / Cacioppo, J. T., y otros (2000). «The psychophysiology of emotion.» En Lewis, M., y Haviland-Jones J. M. (ed). *Handbook of Emotions.* Nueva York, Guilford Press. Págs. 173-191.

8. Ekman, P., y otros (1969). «Pan-Cultural Elements in Facial Display of Emotions». *Science.* Vol. 164. Págs. 86-88. y Ekman, P. y Friesen, W. V. (1971). «Constants Across Cultures in the Face and Emotion». *Journal of Personality and Social Psychology.* Vol. 17(2). Págs. 124-129.

9. Lupien, S. J., y otros (2009). «Effects of stress throughout the lifespan on the brain, behaviour and cognition.» *Nature Reviews Neuroscience.* Vol. 10. Págs. 434-445.

CONVERSACIÓN 9
Investigadores del presente
La confianza y la honestidad, grandes promotores de la presencia

1. Turner, K. A. (2010). «Spontaneous Remission of Cancer: Theories from Healers, Physicians and Cancer Survivors.» *UC Berkeley Electronic Theses and Dissertations.* Disponible en <https://escholarship.org/uc/item/3px3w4g9>.

2. Un ejemplo es el caso del gen CDKN4 en los melanomas. / Printz, C. (2001). «Spontaneous regression of melanoma may offer insight into cancer immunology.» *J Natl Cancer Inst.* Vol. 93. Págs. 1047-1048.

3. Antes de la remisión, el 91% de los pacientes tenían episodios de fiebre. / Rashidi, A., y Fisher, S. I. (2015). «Spontaneous remission of acute myeloid leukemia.» *Leukemia & Lymphoma.* Vol. 56(6). Págs. 1727-1734.

4. O'Brien, D. R. (1992). «Eliminating human immunodeficiency virus (HIV) from infected individuals and cells: Is it possible?» *Medical Hypotheses.* Vol. 38(1). Págs. 20-24. / Gupta, R. K., y otros (2019). «HIV-1 remission following CCR5-32/-32 haematopoietic stem-cell transplantation.» *Nature.* Vol. 568. Págs. 244-248.

5. Rallison, M. L., y otros (1992). «Natural History of Thyroid Abnormalities: Prevalence, Incidence, and Regression of Thyroid Diseases in Adolescents and Young Adults.» *Science.* Vol. 91(4). Págs. 363-370 / Watanabe, K., y Kajiwara, K. (2016). «Spontaneous remission of a large thyroid tumour.» *Canadian Medical Association Journal.* Vol. 188(6). Pág. 447.

6. Martin, S., y otros (1992) «Natural Course of Remission in IDDM During 1st Year After Diagnosis.» *Diabetes Care.* Vol. 15(1). Págs. 66-74.

7. Hakas, J. F., y otros. (1991). «Spontaneous Regression of Cardiomyopathy in a Patient with the Acquired Immunodeficiency Syndrome.» *Chest.* Vol. 99(3). Págs. 770-772.

8. Pritz, M. B., y Pribram, H. F. (1991). «Spontaneous Closure of a High-Risk Dural Arteriovenous Malformation of the Transverse Sinus.» *Surgical Neurology.* Vol. 36(3). Págs. 226-228. / Ferrieres, J., y otros (1991). «Regression of a Coronary Atheroma: Proof and Doubts.» *Annales de Cardiologie et d'Angeiologie.* Vol. 40(7). Págs. 429-436.

9. Austgulen, R., y otros (1990). «Treatment of Refractory Aplastic Anemia with Plasmapheresis: Report of a Case in Childhood with Review of the Literature.» *Pediatric Hematology and Oncology.* Vol. 7(3). Págs. 285-296.

10. Feinstein, A., y otros (1990). «Disappearing Brain Lesions, Psychosis and Epilepsy: A Report of Two Cases.» *Journal of Neurology, Neurosurgery and Psychiatry.* Vol. 53(3). Págs. 244-246.

11. Turner-Warwick, M. (1991). «Can Asthma be Cured?» *Clinical and Experimental Allergy.* Vol. 21(1). Págs. 105-110.

12. Kim, S. B., y otros (2015). «Spontaneous Neoplastic Remission of Hepatocellular Carcinoma.» *The Korean Journal of Gastroenterology.* Vol 65(5). Págs. 312-315. / Hempel, V., y otros (1991). «Prognostic Parameters in Peptic Ulcer Disease.» *Gastroenterology.* Vol 51(1). Págs. 42-46.

13. Kappauf, H. (2006). «Spontaneous remission of cancer - enigma and paradigm.» *Onkologie.* Vol. 29(4). Págs. 129-130.

14. Trof, R. J., y otros (2007). «Spontaneous remission of acute myeloid leukaemia after recovery from sepsis.» *Neth J Med.* Vol. 65(7). Págs. 259-262.

15. Kappauf, H., y otros (1997). «Complete spontaneous remission in a patient with metastatic non-small-cell lung cancer. Case report, review of the literature, and discussion of possible

biological pathways involved.» *Ann Oncol.* Vol. 8(10). Págs. 1031-1039.

16. Kappauf, H., y otros (1997). «Complete spontaneous remission in a patient with metastatic non-small-cell lung cancer. Case report, review of the literature, and discussion of possible biological pathways involved.» *Ann Oncol.* Vol. 8(10). Págs. 1031-1039.

17. Ventegodt, S., y otros (2004). «Clinical holistic medicine: induction of spontaneous remission of cancer by recovery of the human character and the purpose of life (the life mission).» *The Scientific World Journal.* Vol. 4. Págs. 362-377.

18. Wagner, G. B. (1998). «An investigation of the existential and spiritual changes in persons experiencing a spontaneous remission or remarkable recovery from cancer.» *Dissertation Abstracts International: Section B: The Sciences and Engineering.* Vol. 59(1-B).

19. Schilder, J. N., y otros (2004). «Psychological Changes Preceding Spontaneous Remission of Cancer.» *Clinical Case Studies.* Vol. 3(4). Págs. 288-312.

20. Lodato, M. A., y otros (2015). «Somatic mutation in single human neurons tracks developmental and transcriptional history.» *Science.* Vol. 350(6256). Págs. 94-98. / Makin, S. (2018). «No existen dos neuronas genéticamente idénticas.» *Mente y Cerebro.* N. 92. Págs. 46-48.

21. Gottlieb, J. (2012). «Attention, learning, and the value of information.» *Neuron.* Vol. 76(2). Págs. 281-295.

22. MacPherson, A., y otros (2005). «Glucorticoids worsen excitotoxin-induced expression of pro-inflammatory cytokines in hippocampal cultures.» *Exper. Neurol.* Vol. 194. Págs. 376-383.

23. Taub, D. (2008). «Novel Connections between the Neuroendocrine and Immune Systems: The Ghrelin Immunoregulatory Network.» *Vitam. Hor.* Vol. 77. Págs. 325-346.

24. Sapolsky, R. M. (2013). *¿Por qué las cebras no tienen úlcera? La guía del estrés.* Madrid, Alianza Editorial.

25. Glaser, R., y Kiecolt-Glaser, J. K. (2005) «Stress-induced immune dysfunction: implications for health.» *Nature Reviews Immunology.* Vol. 5. Págs. 243-251.

26. Cawthon, R. M., y otros (2003). «Association between telomere length in blood and mortality in people aged 60 years or older.» *Lancet. Research letters.* Vol. 361(9355). Págs. 393-395.

27. «Las 10 principales causas de defunción», disponible en <https://www.who.int/es/news-room/fact-sheets/detail/the-top-10-causes-of-death>. Consulta: 9/1/2019. / Moscoso, M. (2009). «From the mind to the cell: the impact of stress on psiconeuroimmunoendocrinology.» *Liberabit.* Vol. 15(2). Págs. 143-152. / Sapolsky, R. M. (2013). *¿Por qué las cebras no tienen úlcera? La guía del estrés.* Madrid, Alianza Editorial.

28. Langleben, D. D., y otros (2002). «Brain activity during simulated deception: an event-related functional magnetic resonance study.» *Neuroimage.* Vol. 15. Págs. 727-732.

CONVERSACIÓN 10

Drexler y la física de la personalidad

La conexión que nos une a los demás y al universo

1. Del Rosario, D. (2019). *El libro que tu cerebro no quiere leer.* Madrid, Urano.

2. Chalmers, D. J. (1995). «Facing up to the problem of consciousness.» *Journal of Consciousness Studies.* Vol. 2(3). Págs. 200-219.

3. Bravo, J. A., y otros (2011). «Ingestion of Lactobacillus strain regulates emotional behavior and central GABA receptor

expression in a mouse via the vagus nerve.» *Proceedings of the National Academy of Sciences.* Vol. 108(38). Págs. 16050-16055.

4. Bechara, A., y otros (1994). «Insensitivity to future consequences following damage to human prefrontal cortex.» *Cognition.* Vol. 50. Págs. 7-15.

5. Mayer, E. A. (2011). «Gut feelings: the emerging Biology of gut-brain communication.» *Nature Reviews Neuroscience.* Vol. 12. Págs. 453-466.

6. Montague, P. R. (2002). «Hyperscanning: simultaneous fMRI during linked social interactions.» *NeuroImage.* Vol. 16(4). Págs. 1159-1164.

7. Pérez, A., y otros (2017). «Brain-to-brain entrainment: EEG interbrain synchronization while speaking and listening.» *Scientific Reports.* Vol. 7. Ref.: 4190.

8. Anders, S., y otros (2011). «Flow of affective information between communicating brains.» *NeuroImage.* Vol. 54(1). Págs. 439-446.

9. Cook, R., y otros (2012). «Automatic imitation in a strategic context: players of rock-paper-scissors imitate opponents' gestures.» *Proc Biol Sci.* Vol. 279(1729). Págs. 780-786.

10. Hasson, U., y otros (2004). «Intersubject synchronization of cortical activity during natural vision.» *Science.* Vol. 303(5664). Págs. 1634-1640.

11. Knoblich, G., y otros (2011). «Psychological research on joint action: theory and data the psychology of learning and motivation». En B. Ross (ed.), *The Psychology of Learning and Motivation*. Burlington, Academic Press. Vol. 54. Págs. 59-101.

12. Kinreich, S., y otros (2017). «Brain-to-brin synchrony during naturalistic social interactions.» *Sci. Rep.* Vol. 7(1). Pág. 17060.

13. Reindl, V., y otros (2018). «Brain-to-brain synchrony in

parent-child dyads and the relationship with emotion regulation revealed by fNIRS-based hyperscanning.» *NeuroImage.* Vol. 178. Págs. 493-502.

14. Babiloni, F., y otros (2007). «Cortical Activity and Connectivity of Human Brain during the Prisoner's Dilemma: an EEG Hyperscanning Study.» *29th Annual International Conference of the IEEE Engineering in Medicine and Biology Society.* Págs. 4953-4956.

15. Kinreich, S., y otros (2017). «Brain-to-brain synchrony during naturalistic social interactions.» *Sci. Rep.* Vol. 7. Pág. 17060.

16. Holper, L., y otros (2013). «The teaching and the learning brain: A cortical hemodynamic marker of teacher-student interactions in the Socratic dialog». *International Journal of Educational Research.* Vol. 59. Págs. 1-10.

17. Zheng, L., y otros (2018). «Enhancement of teaching outcome through neural prediction of the students' knowledge state.» *Human Brain Mapping.* Vol. 39. / Dikker. S., y otros (2017). «Brain-to-Brain Synchrony Tracks Real-World Dynamic Group Interactions in the Classroom.» *Current Biology.* Vol. 27(9). Págs. 1375-1380. / Haegens, S., y otros (2011). «Top-down controlled alpha band activity in somatosensory areas determines behavioral performance in a discrimination task.» *J. Neurosci.* Vol. 31. Págs. 5197-5204.

18. Hasson, U., y otros (2004). «Intersubject synchronization of cortical activity during natural vision.» *Science.* Vol. 303(5664). Págs. 1634-1640.

19. Rico, L. A., y otros (2016). «Loneliness, Social Networks, and Health: A Cross-Sectional Study in Three Countries.» *PLoS ONE.* Vol. 11(1). Ref.: e0145264 / Holt-Lunstad, J., y otros (2010). «Social relationships and mortality risk: a meta-analytic review.» *Plos Medicine.* Vol. 7(7). Ref.: e1000316-e1000316.

CONVERSACIÓN 11
Placebo 2.0 y *bye bye* creencias limitantes
El arte de darle un uso distinto a los pensamientos

1. Di Blasi, Z., y otros (2001). «Influence of Context Effects on Health Outcomes: A Systematic Review.» *Lancet.* Vol. 352. Págs. 757-762.

2. Kirsch I. (2005). «Placebo psychotherapy: synonym or oxymoron?» *J Clin Psychol.* Vol. 61(7). Págs. 791-803.

3. Branthwaite, A., y Cooper, P. (1981). «Analgesic effects of branding in treatment of headaches.» *British Medical Journal.* Vol. 282. Págs. 1576-1578.

4. Con la bata blanca puesta, hablaríamos de la «teoría de la expectativa de respuesta». / Kirsch, I. (1985). «Response expectancy as a determinant of experience and behavior.» *Am. Psychol.* Vol. 40. Págs. 1189-1202.

5. Lipton, B. H. (2007). *La biología de la creencia: la liberación del poder de la conciencia, la materia y los milagros*. Madrid, La Esfera de los Libros.

6. Wüthrich, B., y otros (2005). «Milk consumption does not lead to mucus production or occurrence of asthma.» *J Am Coll Nutr.* Vol. 24(6). Págs. 547S-555S.

CONVERSACIÓN 12
La sociedad del presente
La ciencia que nos devuelve a la ignorancia

1. Danziger, N., y otros (2009). «Can we share a pain we never felt? Neural correlates of empathy in patients with congenital insensitivity to pain.» *Neuron.* Vol. 61. Págs. 203-212.

2. «World Values Survey», disponible en <http://www.worldvaluessurvey.org/WVSDocumentationWVL.jsp>. Consulta: 14/10/2019.

3. «Corruption perceptions index 2014: results», disponible en <https://www.transparency.org/cpi2014/results>. Consulta: 14/10/2019.

4. «World Happiness Report 2013», disponible en <https://worldhappiness.report/ed/2013/>. Consulta: 14/10/2019.

5. Parsons, T. (1964). «Evolutionary Universals in Society.» *American Sociological Review.* Vol. 29(3). Págs. 339-357.

6. Kho, K. H., y otros (2003). «A Meta-Analysis of Electroconvulsive Therapy Efficacy in Depression.» *The Journal of ECT.* Vol. 19(3). Págs. 139-147.

7. Galarza, M., y otros (2014). «Jazz, Guitar, and Neurosurgery: The Pat Martino Case Report.» *World Neurosurgery.* Vol. 81(3-4). Ref.: 651.e1-7.

8. Duffau D., y otros (2002). «Long term reshaping of language, sensory, and motor maps after glioma resection: a new parameter to integrate in the surgical strategy.» *J Neurol Neurosurg Psychiatry.* Vol. 72. Págs. 511-516.

9. Valtonen, J., y otros (2014). «New learning of music after bilateral medial temporal lobe damage: evidence from an amnesic patient.» *Frontiers in human neuroscience.* Vol. 8. Pág. 694. / Galarza, M., y otros (2014). «Jazz, Guitar, and Neurosurgery: The Pat Martino Case Report.» *World Neurosurgery.* Vol. 81(3-4). Ref.: 651.e1-7.

10. Galarza, M., y otros (2014). «Jazz, Guitar, and Neurosurgery: The Pat Martino Case Report.» *World Neurosurgery.* Vol. 81(3-4). Ref.: 651.e1-7.

SOBRE LOS AUTORES

Sergi Torres es una de las voces actuales más escuchadas dentro del ámbito de la autoindagación y la no dualidad. Después de dedicarse durante diez años a la fisioterapia, dejó su profesión para escuchar su llamada interna. Es autor de los libros *Un puente a la realidad* (2009), *Saltar al vacío* (2014), *¿Me acompañas?* (2017), *Los Introhéroes* (2020) y *Wasaps con mi gurú* (2021) coescrito junto con Melendi. Ofrece charlas y talleres que nos invitan a ir más allá de nuestra mentalidad para reencontrar la verdadera naturaleza humana.

Actualmente desarrolla un ciclo mensual de encuentros en el Teatro Goya de Barcelona y es invitado a congresos, encuentros y charlas en Europa, Latinoamérica y Estados Unidos. Existen decenas de vídeos de sus charlas en su canal oficial de YouTube.

David del Rosario es investigador en neurociencia y divulgador. Su propuesta ofrece una nueva forma de entender la mente y el cerebro humano, y nos invita a revolucionar nuestro día a día. Su trabajo ha sido difundido en diferentes medios de comunicación, tanto a nivel nacional como internacional, y ha obtenido un gran éxito con *El libro que tu cerebro no quiere leer* (2019).

Actualmente, David realiza investigaciones, formaciones y conferencias por todo el mundo, colaborando con distintas instituciones educativas y empresas para acercar la neurociencia al día a día de las personas.

DE ESTE LIBRO ME QUEDO CON...

Este libro se terminó de imprimir en los talleres
de Huertas Industrias Gráficas en marzo de 2025.

La biología del presente, en esta edición especial conmemorativa del quinto aniversario de Editorial Diana, ha sido posible gracias al trabajo de sus autores, Sergi Torres y David del Rosario, así como de la correctora Laura Vaqué, el diseñador José Ruiz-Zarco, el ilustrador Lleïr Massana, la maquetista Toni Clapés, la directora editorial Marcela Serras, la editora Rocío Carmona, la editora Ana Marhuenda, y el equipo comercial, de comunicación y marketing de Diana.

En Diana hacemos libros que fomentan el autoconocimiento e inspiran a los lectores en su propósito de vida. Si esta lectura te ha gustado, te invitamos a que la recomiendes y que así, entre todos, contribuyamos a seguir expandiendo la conciencia.